T0131666

essentials

essentials liefern aktuelles Wissen in konzentrierter Form. Die Essenz dessen, worauf es als „State-of-the-Art" in der gegenwärtigen Fachdiskussion oder in der Praxis ankommt. *essentials* informieren schnell, unkompliziert und verständlich

- als Einführung in ein aktuelles Thema aus Ihrem Fachgebiet
- als Einstieg in ein für Sie noch unbekanntes Themenfeld
- als Einblick, um zum Thema mitreden zu können

Die Bücher in elektronischer und gedruckter Form bringen das Fachwissen von Springerautor*innen kompakt zur Darstellung. Sie sind besonders für die Nutzung als eBook auf Tablet-PCs, eBook-Readern und Smartphones geeignet. *essentials* sind Wissensbausteine aus den Wirtschafts-, Sozial- und Geisteswissenschaften, aus Technik und Naturwissenschaften sowie aus Medizin, Psychologie und Gesundheitsberufen. Von renommierten Autor*innen aller Springer-Verlagsmarken.

Thomas Dandekar · Meik Kunz

Bioinformatik am Beispiel des SARS-CoV2 Virus und der Covid19 Pandemie

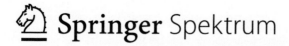 Springer Spektrum

Thomas Dandekar
Dept of Bioinformatics, Biocenter
University of Würzburg
Würzburg, Deutschland

Meik Kunz
Lehrstuhl für Medizinische Informatik
FAU Erlangen
Erlangen, Deutschland

ISSN 2197-6708 ISSN 2197-6716 (electronic)
essentials
ISBN 978-3-658-39856-9 ISBN 978-3-658-39857-6 (eBook)
https://doi.org/10.1007/978-3-658-39857-6

Die Deutsche Nationalbibliothek verzeichnet diese Publikation in der Deutschen Nationalbibliografie; detaillierte bibliografische Daten sind im Internet über http://dnb.d-nb.de abrufbar.

Planung/Lektorat: Stefanie Wolf
Springer Spektrum ist ein Imprint der eingetragenen Gesellschaft Springer Fachmedien Wiesbaden GmbH und ist ein Teil von Springer Nature.
Die Anschrift der Gesellschaft ist: Abraham-Lincoln-Str. 46, 65189 Wiesbaden, Germany

Was Sie in diesem *essential* finden können

- Einen Kurzüberblick über die wichtigsten Methoden der Bioinformatik
- Einen nützlichen Anhang mit Weblinks zur Bioinformatik und zur Covid19 Pandemie
- Aktuelle Informationen zur Molekularbiologie des SARS-CoV2 Virus
- Eine Menge nützlicher Bioinformatik Tools
- Gute Einstiegsseiten und hilfreiche Web-Angebote zur Bioinformatik

Inhaltsverzeichnis

Bioinformatik ist einfach und schnell anzuwenden

1

Die Covid19 Infektion führte zu einer weltweiten Pandemie mit einer Übersterblichkeit von etwa 18 Mio. Toten (COVID-19 Excess Mortality Collaborators 2022). Aber man ist dieser Infektion nicht mehr machtlos ausgeliefert: Molekularbiologie und Bioinformatik haben entscheidend dazu beigetragen, das es schnell Impfstoffe gab und mittlerweile auch Medikamente.

Das gesamte Genom des Corona-Virus lag bereits Anfang Januar 2020 vor (Accession number MN908947) und wurde dann bei Genbank mit der offiziell am 11. Februar 2020 öffentlich freigegeben.

Bemerkenswert daran ist, dass die Daten sogar gut zwei Monate bevor die entsprechende Publikation veröffentlicht wurde (Wu et al. 2020), verfügbar waren.

Dies zeigt nicht nur die außergewöhnliche Zusammenarbeit zu Zeiten von Corona, sondern auch welchen Wert die Gensequenz für die anschließende Forschung hatte. Dies macht das als COVID-19 weltbekannt gewordene Virus außerdem zu einem Musterbeispiel für die Möglichkeiten und Chancen, die die Bioinformatik und ihre zahlreichen Analysemethoden bieten.

Wir starten mit einem Beispiel aus der Praxis: Zunächst müssen wir die Corona-Erkankung nachweisen, schließlich könnte es ja auch sein, dass die Person „nur eine normale" Erkältung hat und ihre Krankheitssymptome nicht von COVID-19 verursacht worden sind. Das geht mittels der Polymerase Chain Reaction (PCR, Polymerase-Kettenreaktion).

Aber wie finde ich den passenden Organismus, zu dem die PCR-Sequenz passt?

Diese einfache Aufgabe geht mit BLAST (Altschul et al. 1997) leicht, weil ja schon das Corona-Virus Genom seit Januar 2020 auch in der Datenbank Genbank am NCBI (amerikanisches Nationales Zentrum für Biotechnologie und Information) vorliegt. BLAST ist das **B**asic **L**ocal **A**lignment **S**equence **T**ool, also

T. Dandekar and M. Kunz, *Bioinformatik am Beispiel des SARS-CoV2 Virus und der Covid19 Pandemie*, essentials, https://doi.org/10.1007/978-3-658-39857-6_1

das „einfache lokale Vergleichswerkzeug". Dabei passiert das Folgende mit der Sequenz: Buchstabe für Buchstabe (die Nukleotide der DNA, die man durch das Sequenzieren bekommt) wird verglichen welcher Datenbankeintrag denn am besten zu der Sequenz passt. Das funktioniert mit der großen Datenbank Genbank besonders gut: hier werden gewissenhaft alle neuen und alten Sequenzen gesammelt.

Die besten Sequenzvergleiche (Alignments) werden der Reihe nach ausgegeben. Der exakte Sequenzvergleich ist zeitraubend, aber BLAST nutzt eine doppelte Schlagwortsuche (genau wie man etwa im Register eines Buches, z. B. dem Telefonbuch, nach einem kombinierten Stichwort suchen kann, etwa „Martin Müller" statt nur „Müller", um schnell den richtigen Müller zu finden). Das klappt jedoch nur, wenn ein Register da ist, d. h. BLAST kann nur indizierte Datenbanken absuchen.

Der Top-Eintrag würde in diesem Falle erlauben zu erkennen: Ja, es ist das Covid-19 Virus, in der Praxis würde das die Nukleotidsequenz des Spike-Proteins des Coronavirus sein:

(Abb. 1.1; Suche mit BlastN).

Die **BLAST Software** ist im **NCBI** (National Center for Biotechnology Information) **Portal** zu finden (https://blast.ncbi.nlm.nih.gov/Blast.cgi), das **Einsteigeportal** für Bioinformatik: https://www.ncbi.nlm.nih.gov/.

Allgemein ist ein Bioinformatik-Portal eine Sammlung von nützlichen Bioinformatik-Links.

In NCBI finden wir, sehr viel andere hilfreiche Datenbanken und Softwarelinks und auch die folgenden vier besonders wichtigen Datenbanken:

Wir finden neben BLAST in NCBI auch:

1. PubMed, die Bibliothek des National Institute of Health (https://pubmed.ncbi.nlm.nih.gov/). Hier kann ich leicht in das Eingabefenster entweder einen Autor eingeben (z. B. Dandekar-T), einen Titel oder auch eine Wissenschaftszeitschrift.

Neben dem Titel des Artikels, den Autoren, der veröffentlichenden Zeitschrift/Quelle und dem Erscheinungsjahr, wird auch angezeigt, ob der Artikel frei lesbar ist. Steht unter dem Artikel in braun „Free Article" oder „Free PMC Article", kann der Artikel von jedem und von überall gelesen werden. Doch auch Artikel, die von einer sogenannten Paywall geschützt sind, können von Studierenden oft einfach über das Universitäts-Internet bzw. über die entsprechende VPN-Verbindung gelesen werden.

Trotz des Namens beschränkt sich PubMed nicht nur auf rein medizinische Publikationen, es können auch zahlreiche Publikationen aus anderen Fachbereichen gefunden werden, wie wir im Folgenden kurz demonstrieren möchten, wenn

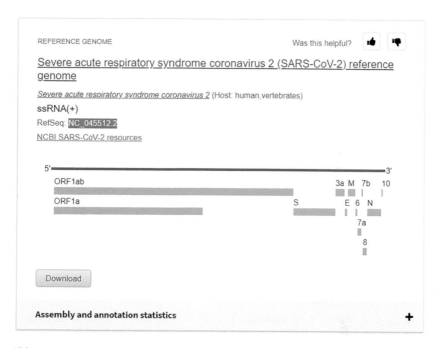

Abb. 1.1 Referenzgenom des Coronavirus bei Genbank, aus dem NCBI Portal

man beispielsweise etwas zum Schutz gegen die globale Erwärmung nachlesen möchte:

Über die „Advanced" Option unter dem Suchfenster, kann die Suche genauer eingestellt werden. Gesucht werden kann in allen Feldern, oder nur in bestimmten Feldern. So kann beispielsweise nach zwei Autoren gesucht werden indem erst der eine und dann der andere Name in das Suchfeld (mit der Einstellung „Author" oder mit der Einstellung „All Fields"). Es gibt die Möglichkeit nach Fachbegriffen wie „marine cloud brightening" zu suchen, ein Beispiel für eine Klimamilderungsstrategie, bei der über dem Meer („marine") kleine weiße Wolken durch sprühen erzeugt werden und dadurch deutlich mehr kurzwelliges sichtbares Sonnenlicht zurückstrahlen („cloud brightening"), als Energie durch Wärmestrahlung von unten speichern.

Es kann in der „Advanced Search" damit nach verschiedenen Schlüsselwörtern gesucht werden, beispielsweise „marine", „global warming" und „climate mitigation" (Klima Milderungsstrategie; irreversibles Geoengineering ist dagegen gefährlich). Die Begriffe einer solchen Keyword-Suche werden mit der Einstellung „All Fields" auch im Abstract gesucht, was die Suche noch flexibler macht.

Wenn die Begriffe nacheinander eingegeben und über die Schaltfläche „ADD" zur Suche hinzugefügt werden, erscheinen sie im unteren Fenster als logische Verknüpfung für die Suche: „(marine) AND (global warming) AND (climate mitigation)". Weiter unten werden außerdem die letzten Suchen die man durchgeführt hat angezeigt. Da das untere Feld auch direkt bearbeitet werden kann, kann auch eine alte Suchanfrage in dieses Feld kopiert werden, oder die gewünschte Suchlogik direkt in einem Satz in das Feld eingegeben werden.

Interessant sind besonders die Artikel, die frei lesbar sind, zum Beispiel der hier über die wichtigste Technik, die globale Erwärmung zu stoppen, Flettner-Sprüh-Schiffe, die kleine Wolken bodennah versprühen und damit das Sonnenlicht reflektieren und zunächst lokal kühlen, in der Summe aber auch global (Pubmed-Suchen mit dem Fachbegriff „marine cloud brightening" oder den Keywords „marine", „global warming" und „cloud" oder Latham-J AND Salter-S sind erfolgreich):

Marine cloud brightening

Latham J, Bower K, Choularton T, Coe H, Connolly P, Cooper G, Craft T, Foster J, Gadian A, Galbraith L, Iacovides H, Johnston D, Launder B, Leslie B, Meyer J, Neukermans A, Ormond B, Parkes B, Rasch P, Rush J, Salter S, Stevenson T, Wang H, Wang Q, Wood R.Philos Trans A Math Phys Eng Sci. 2012 Sep 13;370(1974):4217–62. https://doi.org/10.1098/rsta.2012.0086.PMID: 22869798. (mehr über weltweite Systemrisiken: siehe Teil V)

Free PMC article

Die braune Farbe und „Free article" beim Ergebnis der PubMed suche bedeutet, es gibt einen online-link zum vollständigen Artikel, meist über PMC, PubMed-Central, viele Arbeiten bieten diesen Volltextzugang inzwischen an. Nun natürlich selbst nach Artikeln über den Coronavirus in PubMed suchen, am einfachsten die wieder finden, die hinten unter „Literaturstellen" stehen.

2. GenBank (https://www.ncbi.nlm.nih.gov/genbank/) enthält alle wichtigen Gensequenzen, insbesondere natürlich auch die des Cornavirus: Im Eingabefenster suchen mit „SARS-CoV2 virus". Dann gibt GenBank als erstes Ergebnis einen Kasten mit dem „REFERENCE GENOME" aus. Um das Ergebnis genauer anzuschauen, bringt es allerdings nichts einfach auf diesen Eintrag zu klicken. Stattdessen muss die „RefSeq" ins Suchfenster kopiert und gesucht werden, um die Details sehen zu können.

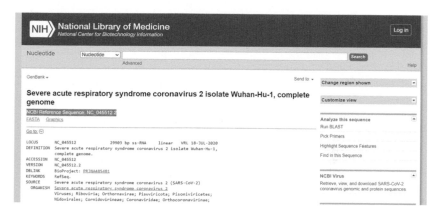

Abb. 1.2   **Nukleotidsequenz des Coronavirus** bei Genbank

Aber nicht dort klicken, sondern den 1. Eintrag finden. Der startet mit dem Titel und weiteren Daten über die Sequenz, den sogenannten Metadaten:

Für unser Beispiel verwenden wir einen der ersten Einträge aus dem Jahr 2022. Dieser ist über die Eingabe von „LC666806" ins Suchfenster findbar. Da es zurzeit (Stand Juli 2022) unter dieser ID nur den Eintrag von Anfang Januar 2022 gibt, kommen wir mit dieser Suche direkt zum Eintrag aus dem Beispiel.

Es kann jedoch passieren, dass die entsprechenden Sequenzen nach einiger Zeit aktualisiert werden. Ein Beispiel hierfür ist der Eintrag „NC_045512" mit der NCBI Referenzsequenz NC_045512.2 (Stand Juli 2022) (Abb. 1.2).

Die „2" nach dem Punkt bei NC_045512.2 deutet an, dass es sich hier um die zweite Version des Eintrags handelt. Die erste Version ist immer noch erreichbar, wenn nach „NC_045512.1" gesucht wird (Abb. 1.3):

Um die Ergebnisse der darauffolgenden Analysen auch nach einiger Zeit noch exakt reproduzieren zu können, empfiehlt es sich daher zu notieren mit welcher Version (Version mit Versionsnummer und Datum) gearbeitet wurde.

Unser Beispiel hat als „Version": GenBank: LC666806.1, ist also noch die „Original Version" des Eintrags. Neben der Version und dem Datum sind noch diverse weitere Daten vermerkt, unter anderem ist der Autor der Sequenz angegeben.

Weiter unten folgen die „features", also die Eigenschaften der Sequenz, welche schon bioinformatische Analyse-Ergebnisse sind und hier der Reihe nach die einzelnen Proteine auf der DNA Sequenz angeben (erst die untranslatierte Region, dann das Gen „ORF1ab", dann die kodierende Sequenz (CDS). Gerade die letzte

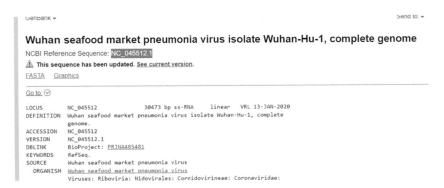

Abb. 1.3 **Referenz Sequenz zum Wuhan Virus** und diesem Corona-Isolat bei Genbank

Eigenschaft (ribosomal_slippage) ist wichtig und würde aufwendige bioinformatische Analysen erfordern, wenn es den GenBank-Eintrag noch nicht gäbe: Das Ribosom gleitet hier weiter („slippage").

Erst ab „ORIGIN" startet die eigentliche Sequenz, und dann zeigt ein Doppelstrich (auch für den Computer klar erkennbar) das Ende der Sequenz an (Tab. 1.1).

3. OMIM, die humangenetische Datenbank „Online Mendelian Inheritance in Man"

https://www.ncbi.nlm.nih.gov/omim/

Hier kann man zu einem Stichwort die bekannten Gene und Genmutationen ermitteln, etwa zum Alkoholismus: Eingabe auf Englisch ist nötig, also „alcoholism". Das ergibt dann insgesamt 50 Einträge, die alle genetische Faktoren zu Alkoholismus sammeln.

Omim zeigt auch Beispiele, wer für Corona besonders genetisch empfindlich ist, die Suche „Covid19" ergibt vier Einträge, z. B. den toll-like Rezeptor 7.

4. Gene Expression Omnibus Datenbank GEO (https://www.ncbi.nlm.nih.gov/geo/)

Hier sind zahlreiche Genexpressionsdaten enthalten, dabei werden MIAME-Standards (Minimum Information About a Microarray Experiment) eingehalten, sodass alle Datensätze miteinander vergleichbar sind. Hier ergibt das Keyword „Covid19" über 1000 Datensätze, z. B. scRNAseq über Covid19 Impfstoff Antworten.

Tab. 1.1 Genbankeintrag

```
LOCUS        LC666806            29630 bp    RNA    linear   VRL 07-JAN-2022
DEFINITION   Severe acute respiratory syndrome coronavirus 2 Enter each isolate
             name here; if the virus has strain name, enter it at /strain and
             make /isolate empty. genomic RNA, complete genome.
...
AUTHORS      Hishiki,T. and Takasaki,T.
  TITLE      Direct Submission
  JOURNAL    Submitted (17-DEC-2021) Contact:Takayuki Hishiki Kanagawa
             Prefectural Institute of Public Health; 1-3-1 Shimomachiya,
             Chigasaki, Kanagawa 253-0087, Japan
...

FEATURES             Location/Qualifiers
     source          1..29630
5'UTR          1..211
     gene            212..21501
                     /gene="ORF1ab"
     CDS             join(212..13414,13414..21501)
                     /gene="ORF1ab"
                     /ribosomal_slippage
...


        1 agatctgttc tctaaacgaa ctttaaaatc tgtgtggctg tcactcggct gcatgcttag
       61 tgcactcacg cagtataatt ...
...

    29581 atagcacaag tagatgtagt taactttaat ctcacatagc aatctttaat
```

In der Praxis kann man durch einen Sequenzvergleich ein Diagnoseresultat überprüfen, das ist immer wichtig, wenn man den genauen Virusstamm finden will. Etwa bei HIV, aber auch SARS-CoV2: Omikronvariante mit dem Wildtyp etwa über two sequences Blast. Die Strukturunterschiede sind im Detail in Abb. 1.4 gezeigt.

Einen Gesamtstammbaum aller BLAST-Treffer bei allen Organismen bei einer „großen" Suche (also gegen die ganze nicht redundante Datenbank, alle bekannten Proteine, man nimmt dafür den Protein-Blast, BlastP) erhält man über den Reiter „Taxonomy".

Die sogenannte expected value „e-Value" gibt an, wie häufig ein Treffer zufällig auftritt. Im Unterschied zu einer Wahrscheinlichkeit (p-Value), die ja nur zwischen null und maximal 1 (Sicherheit) liegen kann, kann ich zufälliger Weise auch mehr als einmal meine Datenbank treffen. Für biologische Sequenzen kann man ab einer e-Value von 1:1 Million als Faustregel annehmen, dies ist ein echter Treffer ist und kein Zufallstreffer.

Durch den Sequenzvergleich mit BLAST finde ich nur die nächstähnliche Sequenz aus der eingestellten Datenbank. Möglicherweise ist das nur ein Coronavirus, das schon deutlich anders ist, aber noch am ehesten zu meiner Sequenz

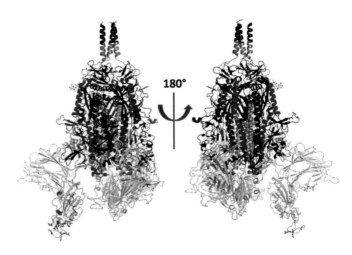

Abb. 1.4 SARS-CoV2 Spike Protein, Vergleich zwischen dem Wildtyp und der Omicron-Variante. Gesamtstruktur des Omicron-Spike-Proteinmodells mit Mutationen. Die mutierten Reste sind als Stick und Ball in rosa dargestellt. Die verschiedenen Domänen und die Anzahl der Mutationen auf ihnen sind: N-terminale Domäne (gelb): 4; Rezeptor-Bindungsdomäne (cyan): 15; Fusionspeptid (rot): 2; Heptad-Repeat 1 (blau): 3; zentrale Helix (orange), Verbindungsdomäne (grau), Heptad-Repeat 2 (hellblau), Transmembran-domäne (weizenfarben); zytoplasmatischer Schwanz (braun), nicht zugewiesene Regionen (schwarz) sind dargestellt (Abbildung S1 aus Koley et al. 2022; Details dort)

passt. Wie kann ich so ein Ergebnis genauer absichern, etwa bei einer neuen Virusvariante oder einem neuen Coronavirus?

Nun, eine erfolgreiche Rückwärtssuche ist eine erste Absicherung. Dies geht, falls auch diese Ausgangssequenz in meiner Datenbank ist. BLAST ist ja eine heuristische (schnelle, aber ungenaue) Suche, denn durch die doppelte Indexsuche ist sie schnell, aber nicht exakt. Der Index wird aber für die Rückwärtssuche anders abgefragt (andere Suchsequenz nutzt anderen Index), was die Suche effektiv und schnell überprüft.

Eine weitere Absicherung des Treffers gelingt durch andere Datenbanksuchen. Hierfür ist ein anderes Portal sehr hilfreich, besonders, wenn es sich um eine Proteinsequenz handelt (Abb. 1.5): Das ExPaSy Portal (https://www.expasy.org/; Abb. 1.5).

Man findet dort große Kapitel für Suchen, von „Genes und Genomes" über „Proteins & Proteomes" zu „Evolution & Phylogeny" und so weiter.

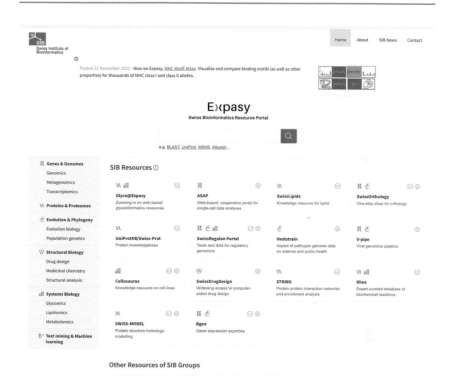

Abb. 1.5   Das ExPaSy Portal, das Expert Protein Analyse System Portal. Inzwischen kann es nach jeder Molekülklasse suchen und stellt einfache Sequenzanalysealgorithmen zur Verfügung, etwa nach Genomen, Proteinen, Lipiden, Zuckerarten

Für unsere Aufgabe, das Absichern eines BLAST Hits, ist die **Motifsuche mit PROSITE** (https://www.expasy.org/resources/prosite) besonders hilfreich: Damit können wir überprüfen, ob alle für die Funktion des Proteins wichtigen Aminosäuren unverändert sind. PROSITE hat für die meisten bekannten Proteinfamilien die entscheidenden Motive an Aminosäuren gespeichert, die für ihre Funktion wichtig sind. Bei Enzymen beispielsweise nicht nur die katalytisch zentralen Reste, sondern auch welche flankierenden Aminosäuren nötig sind und welche Varianten bei den experimentell charakterisierten Enzymen bisher vorkamen und welche weiteren Sequenzen aus Datenbanken diese Motive tragen. Dies ist eine Überprüfung der Funktionsfähigkeit des Proteins im Detail, wogegen BLAST nur eine gröbere summarische Ähnlichkeit über den Bereich der längsten lokalen Sequenzstrecke ermittelt. Abb. 1.6 zeigt dies am Beispiel der SARS-CoV2 Polymerase (zu finden unter https://www.ncbi.nlm.nih.gov/pro tein/7BW4_A). Dies ist die wichtigste Enzymaktivität für einen Virus, auch für SARS-CoV2, denn die Polymerase ist für das Überleben und die Vermehrung des Virus das entscheidende Enzym.

Wie erkennt man dann die spezifischen Aminosäuren in der Polymerase für die Funktion?

Man wählt PROSITE auf dem EXPASY Server (https://prosite.expasy.org/) und muss die ganze Aminosäuresequenz der Polymerase in das Eingabefenster von PROSITE einsetzen. Dann startet man die Analyse.

Als Resultat ergibt sich das PROSITE Motiv PS51947 „NIRAN", das ist das Nidovirus RdRp-associated nucleotidyl transferase (NiRAN) domain pro-file, sowie PS51948, das ist das **COV_NSP12_RDRP** *Coronavirus Nsp12 RNA-dependent RNA polymerase (RdRp) domain profile.*

Dabei wird von Prosite auch im Detail gezeigt, welche Reste beim zweiten Motiv zum katalytischen Zentrum gehören.

Dazu kann man auch weitere Analysen mit der SMART Domänendatenbank machen (https://smart.embl.de/; Hand annotiert, besonders gut für extrazellu-läre Domänen) oder mit der Prosite Database. Diese Datenbank hat neben den Protein Domänen in Familien und Profilen insbesondere die spezifischen Ami-nosäuren für eine bestimmte Funktion in der Domäne zusammen getragen, z. B. katalytische Signatur; https://prosite.expasy.org/) sowie die Klassifikation der Proteinfamilien mit Hilfe von Interpro (https://www.ebi.ac.uk/interpro/; ergibt ähnliche Informationen, aber hier steht das ganze Protein und die Proteinfamilie im Zentrum.

Gut, damit haben wir dann den SARS-CoV2 Virus diagnostiziert, etwa mit der PCR vom spike Protein (die Standardmethode). Wichtig ist festzuhalten, das die bioinformatische Analyse, ausgehend vom Sequenzvergleich, dann ermöglicht, zu diagnostizieren, welcher Virus-Stamm nun vorliegt, ob es der ursprüngliche SARS-CoV2 Wildtyp ist, oder die Varianten alpha, beta, delta oder neuere Vari-anten (z. B. die Sommer 2022 aufgetretene, leicht ansteckende, aber glücklicher Weise weniger gefährliche Omikron-Variante).

Nun kommen wir zu einem weiteren bioinformatischen Punkt:

Die PCR ist nach allgemeinem Verständnis zwar auch teurer aber deutlich bes-ser als der Antigen-Schnelltest. Dies kann man bioinformatisch genau berechnen und quantifizieren.

Die entscheidenden Faktoren sind die **Spezifität** und die **Sensitivität:**

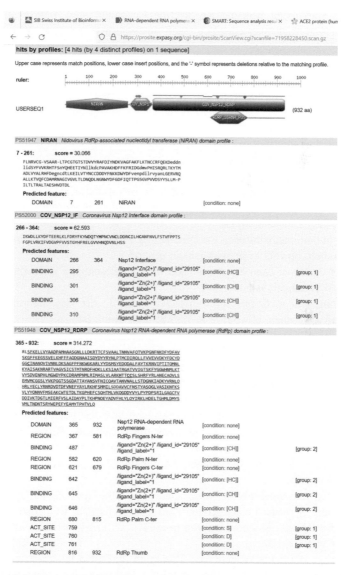

Abb. 1.6 SARS-CoV2 Polymerase Proteinsequenz Unser Beispiel, die SARS-CoV2 Polymerase Proteinsequenz wird nach PROSITE Motiven untersucht. Wir zeigen oben den Output von Prosite zur Domänen Analyse, darunter dann die zwei wichtigsten Signaturen, die PROSITE für dieses Protein findet, nämlich eine NIRAN Domäne (Nidovirus RdRp-associated nucleotidyl transferase (NiRAN) domain) und das RNA Polymerase Profil für die NSP12 Domain

Hohe Spezifizität bedeutet das ich die Gesunden auch richtig als gesund erkenne (und nicht versehentlich auch in Wahrheit gesunde Menschen zu Covid-Infizierten mache).

Hohe Sensitivität bedeutet, dass ich die Kranken auch möglichst alle aufspüre und die nicht versehentlich einen oder viele übersehe.

Kurzer **Exkurs in die Statistik:** Es gibt den Fehler 1. Art und den Fehler 2. Art. Man testet immer die Nullhypothese, „alles ist nur zufällige Streuung", der „Angeklagte" ist unschuldig.

Ich möchte aber wissen, ob der Angeklagte schuldig ist (Alternativhypothese H1).

Es gibt die Nullhypothese: der Angeklagte ist unschuldig
Fehler 1. Art: der Angeklagte wird als schuldig verurteilt, obwohl er in Wirklichkeit unschuldig ist
Oder in dem medizinischen Beispiel: Fehler 1. Art: der Mensch wird als krank angesehen, obwohl er in Wirklichkeit gesund ist.
Fehler 2. Art ist dann der Angeklagte wird als unschuldig angesehen, obwohl er in Wirklichkeit schuldig war.
Oder in dem medizinischen Beispiel: Fehler 2. Art: der Mensch wird als gesund angesehen, obwohl er in Wirklichkeit krank ist.

Beide Fehler der falschen Zuordnung passieren bei der PCR deutlich seltener (je nach Technik und was man diagnostiziert im Bereich von 1 bis 2 Promille). Es werden für einen brauchbaren Antigen-Schnelltest etwa gemäß den Kriterien des Paul-Ehrlich-Instituts (PEI) eine Sensitivität über 80 % und eine Spezifität über 97 % gefordert. Bei einem Test ist insbesondere die Sensitivität ein Problem: Der Test schlägt einfach nicht an, selbst wenn die betreffende Person den Virus in sich trägt. Das heißt, der Kranke wird nicht als krank erkannt und fälschlich für gesund erklärt. Hier sind die Zahlen, die wir dann entsprechend den PEI-Daten finden (Tab. 1.2).

Der Antigenschnelltest ist vergleichsweise billig und eignet sich für das Durchtesten (Screenen) einer großen Zahl von Menschen, weil man den Fehler 1. Art, das fälschliche Zuordnen von gesunden als kranken relativ selten macht (nur in 3 von 100 Fällen).

Wenn wir die Fehlerkonzepte auf Therapien für Covid Infektionen übertragen wollen, dann ist der Fehler 1. Art die falsche Meinung, mein neues Mittel hilft, obwohl nur der Zufall eine Wirksamkeit vorgegaukelt hat.

Der Fehler 2. Art ist stattdessen, eine eigentlich wirksame Behandlung abzulehnen, weil die Beobachtungsdaten noch keinen klaren Erfolg zeigten. Man kann

Tab. 1.2
Antigenschnelltest nach
PEI Kriterien. Es werden
für einen brauchbaren
Antigen-Schnelltest etwa
gemäß den Kriterien des
Paul-Ehrlich-Instituts (PEI)
eine Sensitivität über 80 %
und eine Spezifität über
97 % gefordert. Damit
ergeben sich bei je 100
gesunden Menschen 3
fälschlich als krank
klassifizierte (Fehler 1. Art)
und bei 100 Kranken sogar
20 fälschlich als gesund
klassifizierte (Fehler 2. Art)
bei einem SARS-CoV-2
Antigen-Test

SARS-CoV2 Antigenschnelltest nach PEI Kriterien			
100 in Wirklichkeit Kranke	80 erkannt	20 nicht erkannt	Fehler 2. Art
100 in Wirklichkeit Gesunde	97 erkannt	3 fälschlich krank	Fehler 1. Art

auch leicht sehen, wie man beide Fehler klein halten kann: Man muss möglichst viel Beobachtungen sammeln, dann mache ich wenig Fehler in beide Richtungen. Die Anzahl der Beobachtungen nennt man die Stärke („Power") des Tests und wenn ich möglichst viele Beobachtungen sammle, werden meine Aussagen immer sicherer gegen statistische Fehler. Die Statistik erlaubt, dies genauer zu berechnen.

In der klinischen Praxis erreicht man pragmatisch durch Wiederholungen und verschiedene Methoden die größtmögliche Sicherheit: Man kann selbstverständlich mehrere billige Antigen-Tests nutzen, wenn man guten Grund zu der Annahme hat, das ein falsch positives Ergebnis vorliegt (etwa weil keine Kontakte bekannt und die Inzidenz sowieso niedrig ist). Zusätzlich werden in der täglichen Praxis nach einem positivem Antigen-Schnelltest die falsch-positiven Fälle mithilfe des PCR-Tests identifiziert.

Erste Detailanalysen

2

Nun können wir uns stärker der bioinformatischen Funktionsanalyse des SARS-CoV-2 Virus zuwenden. Insbesondere kann man sich einen Überblick über das ganze Genom verschaffen, besonders effizient geht das für alle im Genom vorkommenden Proteine. Der komplette NCBI Genom-Eintrag findet sich unter https://www.ncbi.nlm.nih.gov/nuccore/NC_045512 (Tab. 2.1).

Da der volle Eintrag in Tab. 2.1 recht groß ist, sind hier die Ausschnitte mit den Schlüsselinformationen aufgezeigt: Wichtig sind der Titel und die Beschreibung, die Autoren (Wu F et al.) und die Zeitschrift in der der Artikel in dem dieSequenz offiziell beschrieben wurde (in diesem Beispiel: Nature). Anhand der über den Metadaten abgebildeten Versionsnummer (NCBI Reference Sequence: NC_045512.2 (Stand Juli 2022)) ist erkennbar, dass der Eintrag einmal verändert wurde. Dies ist auch in den Metadaten unter „REMARK" vermerkt: Im April 2020 erschien ein Erratum, also eine Korrektur, bei der einige Basen berichtigt wurden. Die entsprechenden Artikel (hier aus Platzgründen nicht angegeben) sind ebenfalls vermerkt. Es folgen zwei Arten von Features (Eigenschaften der Sequenz, Ergebnisse einer bioinformatischen Voranalyse):

Die einzelnen Leseraster und ihr Umfeld, insbesondere die 5'UTR der mRNA und die Übersetzung in die Proteinsequenz (erkennbar an: /translation = „MES…"), werden hier schematisch für das erste Gen ORF1ab gezeigt. Nach der recht langen Proteinliste folgen regulatorische und andere Eigenschaften, die durch Analyse der Motive während der Sequenzierung und den darauffolgenden Analysen von den Forschern entdeckt und eingereicht wurden. Ein Beispiel ist die stem loop Struktur (eine sekundär Struktur der RNA, die auch als Haarnadel(schleife)/hairpin (loop) bekannt ist) am Ende des Genoms (29728..29768).. Ab dem Schlüsselwort „ORIGIN" folgt dann die Sequenz (29903 Basenpaare, bp).

T. Dandekar and M. Kunz, *Bioinformatik am Beispiel des SARS-CoV2 Virus und der Covid19 Pandemie*, essentials, https://doi.org/10.1007/978-3-658-39857-6_2

Tab. 2.1 Genbank Eintrag (Auszug)

```
Severe acute respiratory syndrome coronavirus 2 isolate Wuhan-Hu-1, complete genome
NCBI Reference Sequence: NC_045512.2
LOCUS          NC_045512              29903 bp ss-RNA      linear    VRL 18-JUL-2020
DEFINITION   Severe acute respiratory syndrome coronavirus 2 isolate Wuhan-Hu-1, …
REFERENCE    1   (bases 1 to 29903)
  AUTHORS    Wu,F., Zhao,S., Yu,B., Chen,Y.M., Wang,W., Song,Z.G., Hu,Y.,…
  TITLE      A new coronavirus associated with human respiratory disease in
             China
  JOURNAL    Nature 579 (7798), 265-269 (2020)
  JOURNAL    Submitted (17-JAN-2020) National Center for Biotechnology
             Information, NIH, Bethesda, MD 20894, USA
….
     5'UTR             1..265
     gene              266..21555
                       /gene="ORF1ab"
                       /locus_tag="GU280_gp01"
                       /db_xref="GeneID:43740578"
     CDS               join(266..13468,13468..21555)
                       /gene="ORF1ab"
                       /locus_tag="GU280_gp01"
                       /ribosomal_slippage
                       /note="pp1ab; translated by -1 ribosomal frameshift"
                       /codon_start=1
                       /product="ORF1ab polyprotein"
                       /protein_id="YP_009724389.1"
                       /db_xref="GeneID:43740578"
                /translation="MESLVPGFNEKTHVQLSLPVLQVRDVLVRGFGDSVEEVLSEARQ
HLKDGTCGLVEVEKGVLPQLEQPYVFIKRSDARTAPHGHVMVELVAELEGIQYGRSGE
TLGVLVPHVGEIPVAYRKVLLRKNGNKGAGGHSYGADLKSFDLGDELGTDPYEDFQEN
WNTKHSSGVTRELMRELNGGAYTRYVDNNFCGPDGYPLECIKDLLARAGKASCTLSEQ….
…
     3'UTR             29675..29903
       stem loop       29728..29768
                       /inference="COORDINATES:
                       profile:Rfam-release-14.1:RF00164,Infernal:1.1.2"
                       /note="basepair exception: alignment to the Rfam model
                       implies coordinates 29740:29758 form a noncanonical C:T
                       basepair, but the homologous positions form a highly
                       conserved C:G basepair in other viruses, including SARS
                       (NC_004718.3)"
```

(Fortsetzung)

Tab. 2.1 (Fortsetzung)

```
                       /function="Coronavirus 3' stem-loop II-like motif (s2m)"
     ORIGIN
          1 attaaaggtt tatacctcc caggtaacaa accaaccaac tttcgatctc ttgtagatct…
```

Sehr schön detailliert kann man das SARS-CoV-2 Genom auch im UCSC Genome Browser ansehen
https://genome.ucsc.edu/covid19.html
Dazu gibt es auch ein gutes erklärendes Video (auf Englisch):
https://www.youtube.com/watch?v=Ee6h0xyZDOM&list=UUQnUJepyNOw0p8s2otX4RYQ

Annotation bezeichnet im Allgemeinen etwas mit Anmerkungen versehen oder etwas Beschriften. In der Bioinformatik versteht man darunter oft das Hinzufügen von biologischen Informationen zu einer Gensequenz. So kann man herausfinden, welche Gene in der Sequenz vorkommen und kann dadurch eventuell weitere Rückschlüsse ziehen.

Wir finden außerdem, das regulatorische RNA wichtig ist: Die Boten-RNA ist ja eigentlich nur der Zwischenträger zwischen dem genetischen Material, das auf der DNA besonders gut geschützt und verpackt ist und dem Zellplasma. Die mRNA wird – meist in mehreren Kopien – erst hergestellt, wenn aus diesen „Bauanleitungen" dann im Zytoplasma jede Menge Proteine an den Ribosomen (Eiweiß-Fabriken der Zelle) synthetisiert werden (typischer Weise wieder mehrere Ablesungen der mRNA). Damit kann ich aber auch durch sogenannte regulatorische Elemente feiner diese Botenfunktion regulieren: Buchstabenkombinationen der Nukleotide der RNA bilden regulatorische Elemente, die bewirken, dass die RNA an einem bestimmten Ort in der Zelle liegt, oder zu einem bestimmten Zeitpunkt oder einer bestimmten Bedingung erst die Bauanleitung für das Ribosom freigegeben wird. Das Motiv liegt dann VOR (man sagt dazu auch 5' UTR, die RNA Region, die nicht translatiert wird und vor dem Leseraster liegt) der Protein-Bauanleitung, also vor der kodierenden Sequenz. Dabei wirken dann die Nukleotidzusammensetzung des Motifs, die Sekundärstruktur der RNA und die Bindungsenergie der beteiligten RNA-Stämme und Schlaufen, damit dies ein unverwechselbares, wieder erkennbares Motiv in der Zelle wird. Bei höheren Zellen (mit Zellkern) bindet sich dadurch dann meist ein bestimmtes Protein an das RNA-Motiv, bei Bakterien kann sich das Motiv auch direkt an einen Metaboliten binden (genannt „Riboswitch", oder RNA Schalter). Nach dem Leseraster bzw. der Protein-Bauanleitung liegen auch wieder regulatorische Motive, die dann die Abbaurate der Boten-RNA bestimmen.

Alles diese Parameter für das Motiv (Nukleotidzusammensetzung, Sekundärstruktur, Bindungsenergie) kann man mit dem RNA Analyzer bestimmen lassen, der dann anzeigt, welche regulatorischen Motive in der RNA von Interesse vorliegen (https://rnaanalyzer.bioapps.biozentrum.uni-wuerzburg.de/; Boten RNA, beispielsweise bei den BotenRNAs vom SARS-CoV2 Virus, aber auch alle anderen RNA-Typen, z. B. katalytische RNA oder ribosomale RNA).

Wenn man dem Fluss der genetischen Information weiter folgt, ist als nächstes die Proteinstruktur der im Genom koordinierten Proteine wichtig.

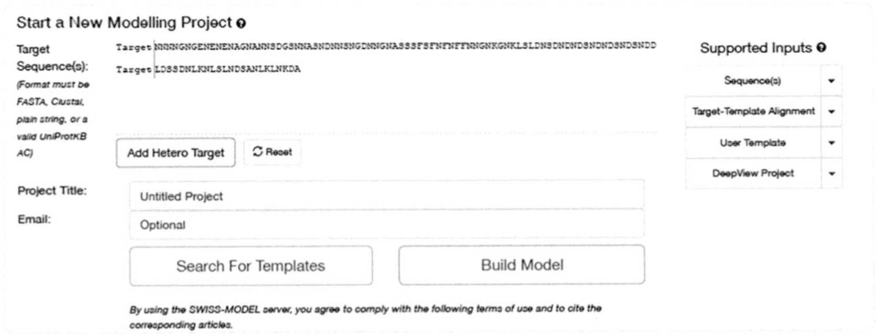

Abb. 2.1 Swiss Model Tool für schnelle Proteinstrukturvorhersagen: Eingabefenster
https://swissmodel.expasy.org/

Hinweis: Über das Portal ExPaSy ist für diese Aufgabe das Programm Swiss-Model (https://swissmodel.expasy.org/) verfügbar (Abb. 2.1). Dieses erlaubt unter Eingabe der Sequenz und einer E-Mail, ein Homologiemodell der eigenen Sequenz berechnen zu lassen(https://swissmodel.expasy.org/interactive). Ein Account bei Swissmodel ermöglicht es, verschiedene eigene Modelle zu speichern um sie ausführlich miteinander vergleichen zu können. Die Software baut anhand einer passenden Vorlage (Template) ein mögliches Modell der 3D Struktur.

Dabei führt die Software den Benutzer durch die Vorhersage: Die Rückmeldung „suitable template found" (passende Vorlage gefunden) bedeutet gleichzeitig, das der Nutzer eine schöne Vorhersage erwarten kann, die etwa 2 Angström genau ist, also nur um 2 Atomdurchmesser (maximal 3) falsch liegt. Bei den Fällen, wo keine bekannte Homologie in der Datenbank gefunden wurde, warnt einem die Software „no suitable template found" und man kann dann als Experte versuchen, selber eine Vorlage vorzugeben, ansonsten bedeutet das, dieses Protein ist zu schwierig/in seiner Struktur von den bekannten Strukturen in der Datenbank zu weit entfernt, als das eine gute Vorhersage für Swissmodel möglich wäre.

Swiss Model verfügt außerdem über zahlreiche Modelle von bekannteren Proteinstrukturen, z. B. das Spike Protein des Coronavirus, das dem Virus den Eintritt in die Wirtszelle ermöglicht. Im Falle von COVID-19 gibt es sogar verschiedene Modelle für verschiedene Virusvarianten.

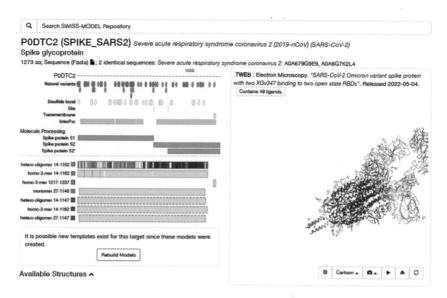

Abb. 2.2 Swiss Model Proteinstrukturen (Repository): SPIKE Protein des SARS-CoV-2 Virus

Mit der Proteinstruktur können wir testen, welche Medikamente an dem Spikeprotein angreifen können bzw. (beim Spikeprotein wichtiger), welche Eigenschaften des Spikeproteins zu einer guten Antigenantwort führen. d. h. die richtigen Stellen im Protein, die eine gute Immunantwort auslösen (nennt man auch „ein gutes Epitop" in der Proteinstruktur), Hierfür ist hilfreich, das Protein (Abb. 2.2 rechts unten) anzuklicken und dann zu drehen und größer zu ziehen, das erlaubt dann ein genaueres Studium der Proteinstruktur (Abb. 2.3 und 2.4).

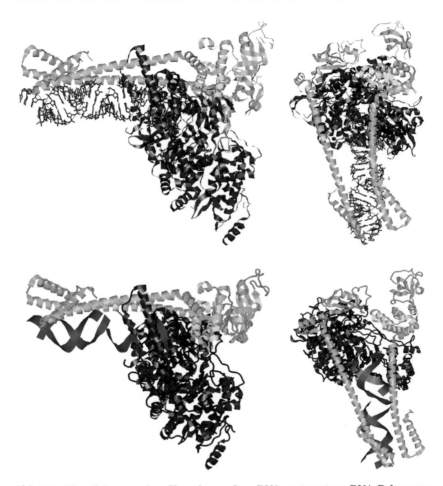

Abb. 2.3 Visualisierung des Komplexes der RNA-gesteuerten RNA-Polymerase (RdRp) von SARS COV-2. Die Strukturdatei ist in der PDB-Datenbank unter dem Code 6YYT verfügbar und von Walls et al. (2020) gefunden. Genutzt wurde das Visualisierungsprogramm Rasmol, was die Koordinaten einliest und dann in Farbe und plastisch darstellt: Der Komplex besteht aus drei nicht-strukturellen Proteinen: der katalytischen Untereinheit nsp12 (rot) und zwei akzessorischen Untereinheiten nsp7 (gelb) und nsp8 (blau). Die RNA ist in grau dargestellt. Man kann dieses Bild der RNA Struktur auch gezielt entfernen, dann visualisiert Rasmol nur die RNA-Polymerase

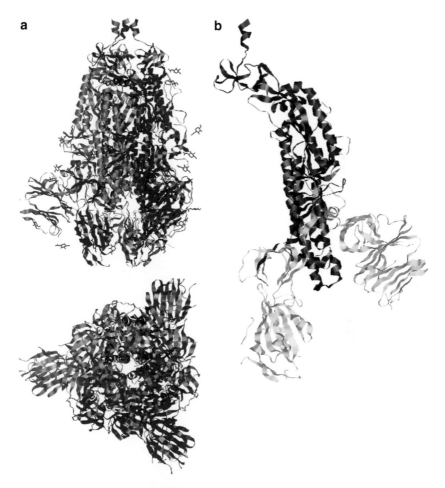

Abb. 2.4 Visualisierung des Spike-Glykoprotein-Trimers von SARS-COV-2. **a** im geschlossenen Zustand: Das Protein besteht aus drei SB-Domänen (dargestellt in grün, blau und rot). Die Proteinstruktur ist bei PBD unter dem Code 6VXX verfügbar. **b** Eine einzelne SB-Domäne wird visualisiert, die aus zwei Untereinheiten, s1 (gelb) und s2 (rosa), gebildet wird. Die 3D Struktur, die hier von uns mit Rasmol visualisiert wird, wurde von Gao et al. (2020) und Hillen et al. (2020) gefunden

Analyse von Protein-Netzwerken

Nach der Analyse der einzelnen Komponenten ist es wichtig, ihr Zusammenwirken zu betrachten. Dafür gibt es beispielsweise hilfreiche Tools wie DrumPID (drug-minded protein interaction database, https://drumpid.bioapps. biozentrum.uni-wuerzburg.de) oder STITCH (search tool for interactions of chemicals, http://stitch.embl.de/), die einem gleich eine Beispiel Drug zum Wunsch-Pathogen oder Protein vorschlagen. Da DrumPID 2016 publiziert wurde (Kunz et al. 2016), als es noch keine SARS-CoV-2 Infektion gab, muss man diese Datenbank allgemeiner abfragen, etwa im Pathogenfeld (dem obersten Eingabefeld, „Indication/associated pathogen") „SARS" eingeben. Dann erhält man drei Vorschläge, von denen der beste ein ACE2 Rezeptor Antagonist (N-(2-Aminoethyl)-1-aziridineethanamine) ist.

Die Vorschläge werden schnell ausgegeben, dennoch ist es notwendig die vorgeschlagenen Substanzen näher zu untersuchen, um genau beurteilen zu können, ob und wie sie möglicherweise eingesetzt werden können.

Dies ist besonders interessant, da der ACE2 Rezeptor bereits relativ schnell in der Pandemie als Rezeptor für SARS-CoV-2 identifiziert wurde (Yang et al. 2020). Könnte man z. B. durch Stoppen von Blutdruckmitteln, die auf den Rezeptor wirken und damit für sein stärkeres Erscheinen sorgen, Patienten helfen (Bauer et al. 2021) oder nicht (Lopes et al. 2021; Ekcholm und Kahan 2021; Li et al. 2020)? Entsprechend dieser Diskussion ist es bei Blutdruckpatienten letztlich doch besser, die Standardtherapie der Blutdrucksenkung auch bei SARS-CoV2 Infektion beizubehalten, wohl aber kann man den Eintritt des Virus über den SARS-CoV-2 Rezeptor blockieren und damit den Patienten schützen (z. B. der monoklonale Antikörper 87G7, der gegen Alpha, Beta, Gamma, Delta, and Omicron Varianten wirkt; Du et al. 2022).

Bei der STITCH Datenbank (http://stitch.embl.de/; Kuhn et al. 2016, seit dem letzten Update ist es die Version STITCH5 – Stand Juli 2022) kann man genauer

T. Dandekar and M. Kunz, *Bioinformatik am Beispiel des SARS-CoV2 Virus und der Covid19 Pandemie*, essentials, https://doi.org/10.1007/978-3-658-39857-6_3

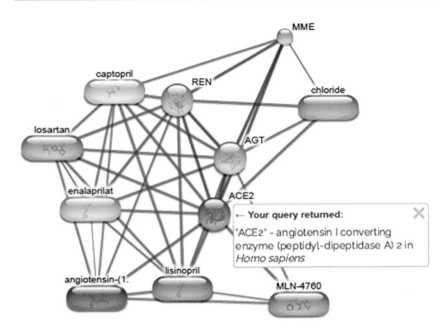

Abb. 3.1 STITCH Datenbank für Drug Targeting von Proteinnetzwerken: Vorschläge, um den ACE2 Rezeptor (Eintrittspforte und Rezeptor für SARS-CoV-2) pharmakologisch zu beeinflussen

die Datenbank befragen, braucht allerdings auch mehr Wissen. Beispielsweise kann man gleich den Wirtsrezeptor für SARS-CoV-2 eingeben, ACE2. Dann erhält man gleich eine Reihe von Drugs, die auf den Rezeptor passen (Abb. 1.6c): Captopril, Losartan, lisionpril, um nur einige zu nennen. Da auch hier das letzte Update vor der Corona-Pandemie war, sind die Wirkstoffe/Medikamente zwar ACE2 Drugs und Inhibitoren, aber hauptsächlich als Blutdrucksenker bekannt (Abb. 3.1).

Netzwerk um den ACE2 Rezeptor
Aber wir sehen: Das Virus alleine ist hier nicht entscheidend, wichtig ist die Host-Pathogen Interaktion. Wir müssen dafür das Host-Pathogen Interaktionsnetzwerk (der Mensch ist der „Host" oder Wirt, der Sars-CoV2 Virus das Pathogen) aufbauen. Das geht sehr gut mit der STRING Datenbank (link: https://string-db.org/). Wenn wir hier den ACE2 Rezeptor eingeben, erhalten wir das Proteinnetzwerk um diese wichtige Eintrittspforte für SARS-CoV-2 beim Menschen (Abb. 2.1, 3.2 und 3.3).

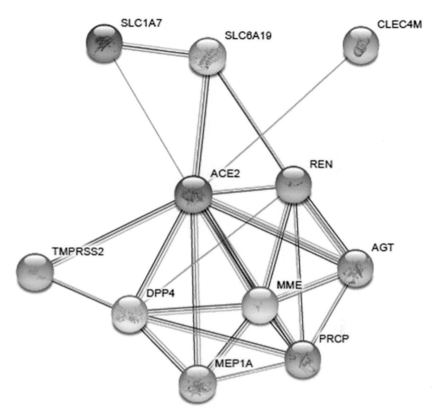

Abb. 3.2 **Protein-Protein-Interaktionsnetzwerk um den ACE2 Rezeptor, mit dem Tool „String" vorhergesagt.** Alle menschlichen Proteine, die mit dem ACE2 Rezeptor interagieren, der Haupteintrittspforte für den SARS-CoV-2 Virus

Weiter unten (herunter-scrollen) sind dann zusätzlich noch alle gefundenen Proteine aufgelistet:

Der ACE2-Rezeptor (Angiotensin-Converting Enzyme 2 Rezeptor) hat im menschlichen Organismus eine Reihe von Proteininteraktionen. Zur Nutzung der String Software gehen wir zum Link und geben das Enzym als Name ein. Dann fragt String kurz ab, um welchen Organismus es sich handelt (Mensch) und dann erscheint ein Netzwerkbild, bei dem runde Kugeln die Proteine angeben und die farbigen Verbindungen die Interaktionen. Unten in der Tabelle werden alle gefundenen Interaktionspartner aufgelistet und ein Punktewert, wie sicher diese Interaktion ist.

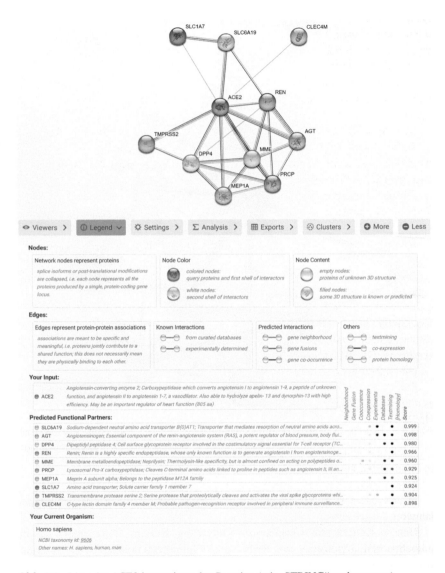

Abb. 3.3 Liste der ACE2 interagierenden Proteine (mit „STRING" vorhergesagt)

Dabei werden Vorhersagen aus Datenbanken mit bioinformatischen Vorhersagen (Genkontext besonders gut bei Bakterien; Textmining bei höheren Organismen) verglichen (verschiedene Farben). Mit „more" und „less" kann ich mein Netzwerk systematisch vergrößern oder verkleinern.

Wenn ich die „multiple names" Option im Eingabefenster nutze, kann ich sogar untersuchen, ob zwei verschiedene Proteine verbunden sind und wenn ja, über wieviel Proteininteraktionen oder direkt (einfach selber ausprobieren!).

Interessanter Weise hat die STRING Datenbank keine Daten über Viren.

Dafür gibt es die Datenbank **viruses.string-db.org,** die bereits 2018 erschienen ist (Cook et al. 2018) und deshalb bisher nur die Interaktionen von SARS-CoV-1 anzeigt (Abb. 3.4):

Für die Interaktionen zwischen Pathogen und Wirt empfiehlt es sich eine Host-Pathogen Datenbank zu nutzen, die eine solche Vorhersage erlaubt, z. B. die PHISTO Datenbank (https://phisto.org/).

Diese Datenbank ist schon eher etwas für Experten, aber hat dafür auch jede Menge Daten.

Auf der Einstiegsseite wählt man die Option „browse" in der Titelzeile und stellt dann Coronaviren („Coronaviridae") und dort „SARS related virus" ein. Es ergibt sich eine lange Liste von Wirts-Virus Proteininteraktionen (Abb. 3.5). Über den Virusstamm kann die Suche eingegrenzt werden. In unserem Beispiel gibt es jedoch (Stand Juli 2022) nur die Auswahlmöglichkeiten „all" und „Severe acute respiratory syndrome (SARS) coronavirus" die beide die gleiche Anzahl an Treffern ergeben.

Nun haben wir das Protein-Netzwerk der Wirts-Pathogen Interaktion.

Für SARS-CoV-2 Infektionen findet man durch ausführlichere Analysen, dass es fünf humane Schlüsselproteine gibt: ACE2, ATP6V1G1, RPS6, SUMO1 und HNRNPA1.

Aber wie sieht es mit dem Stoffwechsel der virusbefallenen Körperzellen aus?

Auch hier gibt es spannende Ergebnisse, z. B. Moolamalla et al. (2021; Suche in Pubmed mit key words „metabolism sarsCov2 glycolysis"):

https://www.ncbi.nlm.nih.gov/pmc/articles/PMC8321700/

Insbesondere zeigt sich durch die Infektion eine fein abgestufte Stoffwechselantwort:

Unsere Analyse ergab eine wirtsabhängige Dysregulation der Glykolyse, des mitochondrialen Stoffwechsels, des Aminosäurestoffwechsels, des Nukleotidstoffwechsels, des Glutathionstoffwechsels, der Polyaminsynthese und des Lipidstoffwechsels. Wir haben verschiedene pro- und antivirale Stoffwechselveränderungen beobachtet und Hypothesen darüber aufgestellt, wie der Wirtsstoffwechsel gezielt zur Senkung des Virustiters und zur Immunmodulation eingesetzt werden kann.

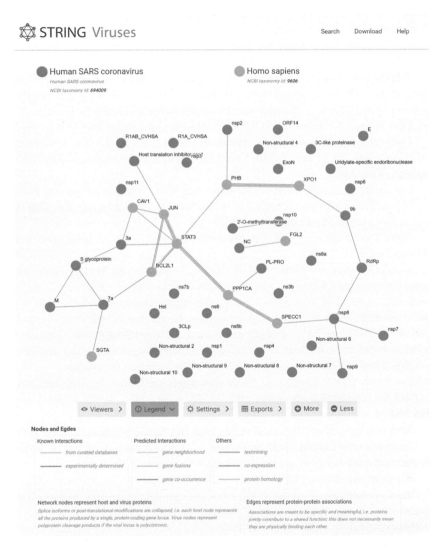

Abb. 3.4 Alle Interaktionen zwischen SARS-CoV-1 Virus und dem menschlichen Wirt (nach der Datenbank viruses.string-db.org). Man kann wieder herunter-scrollen und alle Interaktionen im Detail untersuchen, bei Interesse übungshalber gerne ausprobieren

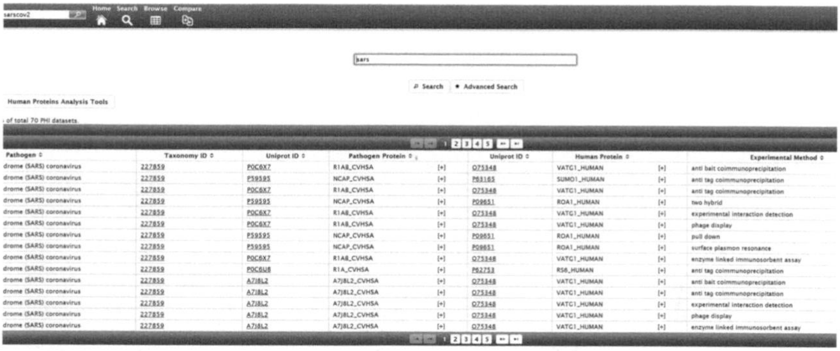

Pathogen	Taxonomy ID	Uniprot ID	Pathogen Protein		Uniprot ID	Human Protein		Experimental Method
drome (SARS) coronavirus	227859	P0C6X7	R1AB_CVHSA	[+]	O75348	VATG1_HUMAN	[+]	anti bait coimmunoprecipitation
drome (SARS) coronavirus	227859	P59595	NCAP_CVHSA	[+]	P63165	SUMO1_HUMAN	[+]	anti tag coimmunoprecipitation
drome (SARS) coronavirus	227859	P0C6X7	R1AB_CVHSA	[+]	O75348	VATG1_HUMAN	[+]	anti tag coimmunoprecipitation
drome (SARS) coronavirus	227859	P59595	NCAP_CVHSA	[+]	P09651	ROA1_HUMAN	[+]	two hybrid
drome (SARS) coronavirus	227859	P0C6X7	R1AB_CVHSA	[+]	O75348	VATG1_HUMAN	[+]	experimental interaction detection
drome (SARS) coronavirus	227859	P0C6X7	R1AB_CVHSA	[+]	O75348	VATG1_HUMAN	[+]	phage display
drome (SARS) coronavirus	227859	P59595	NCAP_CVHSA	[+]	P09651	ROA1_HUMAN	[+]	pull down
drome (SARS) coronavirus	227859	P59595	NCAP_CVHSA	[+]	P09651	ROA1_HUMAN	[+]	surface plasmon resonance
drome (SARS) coronavirus	227859	P0C6X7	R1AB_CVHSA	[+]	O75348	VATG1_HUMAN	[+]	enzyme linked immunosorbent assay
drome (SARS) coronavirus	227859	P0C6U8	R1A_CVHSA	[+]	P62753	RS6_HUMAN	[+]	anti tag coimmunoprecipitation
drome (SARS) coronavirus	227859	A7J8L2	A7J8L2_CVHSA	[+]	O75348	VATG1_HUMAN	[+]	anti bait coimmunoprecipitation
drome (SARS) coronavirus	227859	A7J8L2	A7J8L2_CVHSA	[+]	O75348	VATG1_HUMAN	[+]	anti tag coimmunoprecipitation
drome (SARS) coronavirus	227859	A7J8L2	A7J8L2_CVHSA	[+]	O75348	VATG1_HUMAN	[+]	experimental interaction detection
drome (SARS) coronavirus	227859	A7J8L2	A7J8L2_CVHSA	[+]	O75348	VATG1_HUMAN	[+]	phage display
drome (SARS) coronavirus	227859	A7J8L2	A7J8L2_CVHSA	[+]	O75348	VATG1_HUMAN	[+]	enzyme linked immunosorbent assay

Abb. 3.5 Host-Pathogen Interaction Database PHISTO: Menschliche Proteine interagieren mit SARS CoV2 Proteinen

Diese Ergebnisse erfordern eine weitere Untersuchung mit mehr Proben und In-vitro-Studien, um die Vorhersagen zu testen.

Wir zeigen hier zunächst einmal, wie sich die Zuckervergärung durch die SARS-CoV-2 Infektion verändert. Der wichtigste Zucker, Glukose, wird bei diesem zentralen Stoffwechselweg schrittweise in Brenztraubensäure verwandelt (Abb. 3.6a, Glykolyse, ein vollständiger Stoffwechselweg, der nicht weiter zerlegbar ist) und wenn dann kein weiterer Stoffwechselweg das Endprodukt weiterverarbeitet, entsteht Milchsäure (Laktat). Doch wie kann die Bioinformatik diese Stoffwechselwege einfach zeigen und erklären?

Dazu brauchen wir zunächst eine biochemische Datenbank. Zwei Datenbanken sind hier genannt und kurz vorgestellt:

Das eine ist die Roche-Datenbank. Der erste Link

https://www.roche.com/about/sustainability/philanthropy/science-education/biochemical-pathways/

Gibt eine Einführung, insbesondere ein schönes erklärendes Video von Dr. Gerhard Michal.

Zusätzlich bietet Roche als Poster ein Übersichtsbild der Biochemischen Pathways an, die auch digital angeschaut werden können. Hier sind die wichtigsten biologischen Pathways in einer grafischen Übersicht dargestellt. Der große Vorteil ist, dass man wie auf einer Falk-Landkarte durch die ausgedehnten Bezirke der biochemischen Reaktionen gleiten kann:

http://biochemical-pathways.com/#/map/1

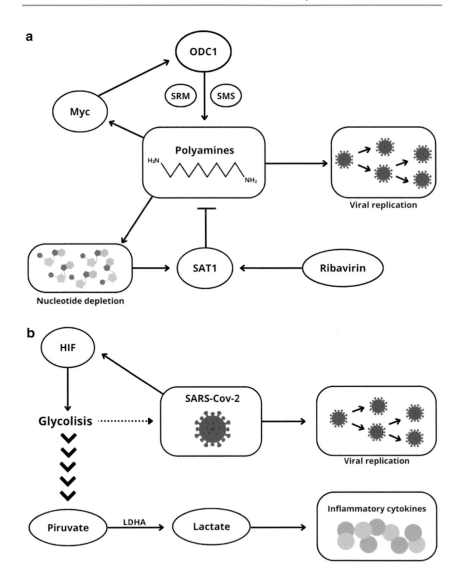

Abb. 3.6 Zell-Metabolismus bei SARS-CoV2 Infektion: Aktive Glykolyse hilft dem Virus. Die Rückkopplungsschleife zwischen **a** Polyamin-Stoffwechsel und **b** Glykolyse steuert die virale Replikation. (Eigene Abbildungen, diese nutzen Daten aus Moolamalla et al. 2021)

Beim Betrachten dieser Übersicht wird deutlich, dass die Glykolyse durch zahlreiche Seitenreaktionen und Verzweigungen mit allen anderen Stoffwechselwegen verbunden ist. Sehr verdienstvoll ist auch, dass die Roche-Pathways die biochemischen Formeln aller Metabolite zeigen, die jeweils beteiligten biochemischen Reaktionen und die vollen Enzymnamen. Damit kann man sich also sehr schnell einen Überblick verschaffen. Man kann auch sehr gut die Aussagen des oben genannten Beispiel-Artikels nachvollziehen: Die Glykolyse ist auch mit dem Aminosäurestoffwechsel verbunden (besonders die kleinen Aminosäuren aus 3 C-Atomen über das Pyruvat), und mit dem Nukleotidstoffwechsel (über die Ribose, die über den direkt neben der Glykolyse befindlichen Pentosephosphat Stoffwechselweg aus Glukose oder Fruktose oder anderen Zuckern mit 6 C-Atomen generiert wird. Auch zu den anderen Stoffwechselwegen kann man leicht hinein-zoomen. Die Zelle reagiert auf die Infektion mit Stoffwechseländerungen, die sich gegen den Virus richten, umgekehrt versucht der Virus, den Wirtszellmetabolismus für seine Zwecke (Virusvermehrung) einzuspannen. Es gibt also einen echten metabolischen Kampf der Virus befallenen Zelle (z. B. das Atemwegsepithel) um die Hoheit über den Zell-Stoffwechsel.

Wenn man sich das im Detail anschauen möchte, ist die KEGG Datenbank (Kyoto Encyclopedia of Genes and Genomes, https://www.genome.jp/kegg/) sehr nützlich. Diese Datenbank hat Spezialwissen über jeden Organismus.

Um das zu sehen, wähle ich zunächst den Stoffwechselweg aus, der von Interesse ist, etwa die Glykolyse (https://www.genome.jp/pathway/map00010). Durch eine Stichwortsuche auf der KEGG Startseite lassen sich die Stoffwechselwege von Interesse schnell finden. Alternativ kann man auch die KEGG-Seiten erforschen und sich über die diversen Verlinkungen zu verschiedenen interessanten Pathways führen lassen.

Wenn ich einen Stoffwechselweg/Pathway gefunden habe, der mich interessiert, kann ich mir als nächstes über den „Pathway Type" den Modellorganismus von Interesse einstellen. Dies ist nicht nur vor der Suche (über select prefix), sondern auch nach der Suche – wo mir der „Schaltplan" schon angezeigt wird – möglich (in diesem Fall ist es die Schaltfläche „change pathway type").

In unserem Beispiel möchten wir uns die Glykolyse in einem von SARS-CoV-2 befallenen Menschen näher anschauen. Daher wählen wir als Prefix/Organismus „hsa" für homo sapiens. Dadurch ändert sich die Pathway-Karte:

Grüne Kästchen zeigen an, ob dieses Enzym beim Menschen vorkommt und mit der Maus über die Kästchen fahren blendet zusätzliche Informationen ein. Nehmen wir als Beispiel das Enzym 5.4.2.2.: fährt man mit der Maus über das Kästchen, erkennt man, dass 2 Enzyme für diese Aktivität in Frage kommen: PGM1 oder PGM2, sprich Phosphoglucosemutase 1 oder 2. Beide wandeln den Zucker

Glukose-1-Phosphat zu Glucose-6-Phosphat um, damit die Glykolyse starten kann. Klickt man auf das jeweilige Kästchen, erhält man zusätzliche Informationen (über Rechtsklick kann man diese Seite auch in einem neuen Tab öffnen). Eins ist jedoch bereits auf den ersten Blick deutlich: Die KEGG Datenbank führt weniger gut in die biochemischen Formeln ein, insbesondere ist das Startfeld einfach nur die Enzym-Klassifizierungsnummer (5.4.2.2.) und auch die Erklärung mit dem Mauspfeil „PGM1 oder 2" ist eher etwas für Experten.

Dafür hat die KEGG-Datenbank sehr viel mehr und recht genaue Daten über jeden spezifischen Organismus. Man kann ausprobieren, wie sich die Stoffwechselkarte 00010, also die Glykolyse, ändert, wenn Sie verschiedene Bakterien aus dem Pathway Type Menu auswählen. Es ist überraschend, aber Bakterien haben jede Menge spezifische Enzyme, um die verschiedenen Zucker zu nutzen, sehr viel mehr als der Mensch.

Man kann damit auch nach neuen Möglichkeiten für Antibiotika suchen:

Hierzu müssten Sie den KEGG-Datenbank-Eintrag für den Menschen mit dem eines gefährlichen Infektionserregers vergleichen – etwa das Tuberkulose-Bakterium mit der Auswahl „mtu", für Mykobakterium tuberculosis im Pathway Menu.

Die Suche nach dem Bakterium wird wesentlich einfacher, wenn zuerst alle Untermenüs für Tiere, Pflanzen, usw. über die dreieckigen Pfeile zugeklappt werden. Ein Klick auf den drop-down Pfeil vor „Organism specific" klappt alle Untermenüs auf einmal zu und zweiter Klick auf den Pfeil zeigt nur noch die Hauptüberschriften der sechs verschiedenen Untergruppen. Bei der weiteren Suche hilft biologisches Vorwissen: wer weiß, dass das Mykobakterium zu den Actinobacteria gehört, klickt einfach auf den entsprechenden Pfeil und muss sich nur noch für Tuberkuloseerreger seiner Wahl entscheiden. Wer die volle Auswahl der verschiedenen Bakterien betrachten will, kann auch alle Menüs aufklappen und sich anschauen. Über die Tastenkombination für „Suchen" STRG (Steuerungs-Taste) und F öffnet sich auch in diesem Menü-Fenster die Such-Option des Webbrowsers und man kann bei der Suche Zeit sparen, das das durch die verschiedenen Menüs klappen nicht ganz einfach für den Start ist.

Durch einen Klick auf „mtu" schließt sich das Menü-Fenster und man findet interessante Enzyme, die nur das Mykobakterium hat, aber der Mensch nicht. Ein Beispiel ist die Pyruvat-Phosphat-Dikinase (PPDK) (EC 2.7.9.1) – Sie sehen das kleine grüne Kästchen mit dieser EC Nummer für *Mycobakterium tuberculosis* dann rechts unten in der Pathwaykarte.

Dieses Enzym kommt sowohl in Pflanzen vor als auch in Bakterien, die letzteren lassen es dann rückwärts laufen um damit Energie in Form von ATP zu erzeugen. Aber beim Menschen kommt es nicht vor, ich kann dieses Enzym also mit einem

Pharmakon stoppen, ohne den an Tuberkulose leidenden Menschen zu gefährden während den Bakterien die Energie ausgeht und sie aufhören zu wachsen oder sogar sterben. Dies wäre also ein guter Ansatzpunkt für ein neues Medikament gegen Tuberkulose-Infektionen, mit das gefährlichste Bakterium, das chronische Infektionen hervorruft und an denen jedes Jahr ca. 2 Mio. Menschen sterben.

Bis tatsächlich ein Antibiotikum aus dieser Beobachtung entsteht, ist es ein langer Weg: Das Pharmakon muss erst chemisch hergestellt werden, getestet und schließlich im Patienten positive Wirkung zeigen – langwierig und wirklich teuer ist gerade die klinische Erprobung. Leider werden gerade Tuberkulosebakterien immer resistenter, das heißt, die bekannten Antibiotika wirken nicht mehr (sogenannte TBX, Multiresistente Tuberkulosestämme) und es ist für Pharmafirmen oft nicht finanziell interessant genug, an weiteren Antibiotika zu forschen, da die gängigen Antibiotika leicht verfügbar und billig sind. Das muss nicht so bleiben und neue Infektionen, etwa mit Viren, sind sehr attraktive Forschungsthemen: Wie schon bei HIV mit Erfolg gezeigt, kann man in diesem Falle neue Medikamente entwickeln, die recht teuer verkauft werden können und so die hohen Entwicklungskosten wirtschaftlich wieder ausgleichen können.

Das ist also der Vorteil der KEGG Datenbank: Geballte, organismen-spezifische Information. Damit ist es also recht gut möglich, die Suche nach dem Enzymbestand, aber auch nach potentiellen Proteinen, die Zielstellen für neue Antibiotika werden können (Antibiotika-„Targets"). Auch für die Biotechnologie, für die Mikrobiologie und die Evolutionsforschung kann die KEGG-Datenbank und auch die metabolische Modellierung genutzt werden.

Doch wie kann man die Stoffwechselwege überprüfen oder Pathways finden, wenn die KEGG-Datenbank vielleicht keine Daten hat oder für einen neuen Stoffwechselweg herausfinden, ob es den in dem Organismus gibt?

Nun, auch hier gibt es eine bioinformatische Lösung. In vielen Bereichen der Bioinformatik finden sich früher oder später Forscher, die sich so sehr für eine gewisse Fragestellung interessieren, dass sie ein Programm, eine Datenbank, oder einfach ein „Tool" entwickeln, mit dem die Fragestellung erforscht werden kann. Diese Tools werden anschließend fast immer kostenfrei und oft open-source für andere zur Verfügung gestellt.

Für die Frage nach den Stoffwechselwegen haben wir Rechenrezepte (Algorithmen) entwickelt, mit denen man den Stoffwechsel berechnen kann: Alle „inneren" (internal) Metabolite müssen im Gleichgewicht gehalten werden, soll die Zelle längere Zeit existieren. Deshalb kann man genau Buch führen, welches Enzym welche internen Metabolite verbraucht oder erzeugt, und von welchen Quellen das Enzym ausgeht bzw. welche Produkte ausgeschieden werden (Senken). Beides, Quellen und Senken, sind die sogenannten externen Metabolite. Aus diesen Angaben und mit einer Matrizen-Berechnung errechnet unsere Software YANA

https://www.uni-wuerzburg.de/en/tr34/software-developments/yana/

Welche Stoffwechselwege vorliegen.

Damit bekommt man aber nur die Möglichkeiten, wie der Stoffwechsel verläuft, es fehlt die Information, wie stark ein Stoffwechselweg genutzt wird.

Hierzu benutzt man z. B. Genexpressionsdaten aus der GEO Datenbank, aus denen errechenbar ist, wie sich die Genexpression der beteiligten Enzyme verändert hat. Mit diesen Daten berechnet eine Fortsetzung von YANA, nämlich YANAvergence

https://www.biozentrum.uni-wuerzburg.de/bioinfo/computing/yanavergence/

Effizient und mit besonders schneller Ermittlung der exakten Stoffwechselflüsse wie stark die metabolischen Flüsse im Netzwerk sind. Beispielsweise kann man damit herausbekommen, wie sich die metabolischen Flüsse bei Staphylokokken (ebenfalls gefährliche Infektionserreger) verändern, wenn sich wichtige Regulatoren des Stoffwechsels verändern, etwa wenn die Verhältnisse in einem Infektionsabszess nachgebildet werden (Liang et al. 2021).

Dabei sind natürlich direkte Metabolitmessungen am genauesten, aber das sind teure und aufwendige Daten. Sobald man aber mehrere Pathways modelliert, also ein metabolisches Netzwerk, gleichen sich die Fehler für die einzelnen Expressionsmessungen aus, weil alle Enzyme, die zum gleichen Pathway gehören, ja auch den gleichen Flux transportieren müssen. Damit hat man in einem Netzwerk mit mindestens 30 Enzymen nur noch etwa 5–10 % Fehler, was die Fluss-Stärke des metabolischen Flusses (der Flux) betrifft. Wir wissen das deshalb, weil wir dann die Metabolite auch noch nachgemessen haben (Cecil et al. 2015).

Wir können auch gleich etwas über die Regulation sagen: Wir nehmen unser Interaktionsnetzwerk und schauen, was es da an Kaskaden gibt, dazu müssen wir einfach die Protein-Nachbarschaften aufzählen. Das geht bei menschlichen Protein-Interaktionsnetzwerken sehr leicht. Beispielsweise benutzt SARS-CoV-2 bei Infektionen den ACE2 Rezeptor als Eintrittspforte. Was sind denn seine nächsten Nachbarn? Welche weiteren menschlichen Proteine geraten hier in Mitleidenschaft?

Wir haben ja schon eine erste Möglichkeit für das Aufstellen eines regulatorischen Netzwerkes kennen gelernt, die STRING Datenbank.

Eine andere Möglichkeit, durch die Bioinformatik schnell einen Überblick über die Regulation zu bekommen, sind Genexpressionsdaten. Hierfür steht die GEO-Datenbank zur Verfügung. Abb. 2.4 zeigt ein interessantes, aber komplexes Beispiel: Die Expression der mRNA für den ACE2 Rezeptor bei unterschiedlichen Bedingungen.

Verglichen werden (Jiang et al. 2022) (Abb. 3.7):

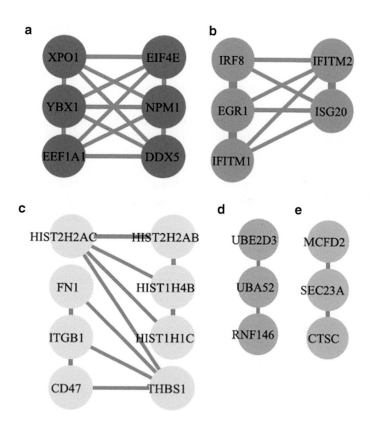

Abb. 3.7 Regulatorische Reaktionen bei SARS-CoV-2 Infektion im Vergleich mit Asthma. Modulanalyse verschiedener Protein-Netzwerke (A-E) von 192 gemeinsamen Wirtsfaktoren zwischen Asthma und COVID-19. Die Punkte stehen für den jeweiligen Wirtsfaktor, und die Linie stellt die Interaktion der einzelnen Wirtsfaktoren dar. Unterschiedliche Farben stehen für unterschiedliche Module: **A** Nucleic acid transport; **B** Type I interferon signaling pathway; **C** Extracellular structure organization; **D** Protein polyubiquitination; **E** Vesicle targeting, rough ER to cis-Golgi (Detaillierte Analyse in Jiang et al. 2022)

Jiang et al. haben Genexpressionsdaten von COVID-19 Patienten und Asthma-Patienten analysiert, wobei unterschiedlich exprimierte Gene (differentially expressed genes, DEGs) eine wichtige Rolle spielen: Diese DEGs zeigen an, welche Gene sich zwischen zwei Zuständen (beispielsweise krank und gesund) unterscheiden.

Wenn in einer Krankheit ein bestimmtes Gen anders reguliert wird als in gesundem Zustand, dann fällt dies durch die unterschiedliche Genexpression auf und es ist erkennbar ob das Gen hoch- oder herunter-reguliert wird. Anhand dieser Gene lässt sich herausfinden, welche Stoffwechselwege möglicherweise von den beobachteten Veränderungen betroffen sind. Dieses Wissen wiederum kann ein tieferes Verständnis oder sogar Ideen für einen möglichen Therapieansatz bringen. Wenn man durch die DEGs beispielsweise erkannt hat, dass ein bestimmter Pathway durch die Erkrankung beeinflusst wird und für die Symptome der Krankheit verantwortlich ist, kann man versuchen gezielt auf diesen Pathway einzuwirken und so eventuell die Symptome kurieren oder zumindest lindern. Das ist nur ein gutes und anschauliches Beispiel, es gibt viele Studien über Covid19 und beteiligte Protein Netzwerke.

In ihrer Studie haben Jiang und Kollegen zunächst die Genexpression in Proben von COVID-19-Patienten mit der Genexpression in gesunden Kontrollen verglichen und so die Gene herausgefunden, die von einer COVID-19 Infektion beeinflusst werden. Das gleiche wurde mit der Genexpression von Asthma-Patienten und gesunden Kontrollen wiederholt. Die Schnittmenge der zwei DEG-Sets enthält logischerweise alle Gene die sowohl von Asthma als auch von COVID-19 beeinflusst werden. Mit diesen Genen wurden diverse Analysen wie beispielsweise Modulanalysen durchgeführt. Figure 10E symbolisiert beispielsweise das 5te Modul der Analyse, zu dem der KEGG pathway Apoptose und der GO (Gene Ontology) pathway „vesicle targeting, rough ER to cis-Golgi" gehören. Die Gene SEC23A, MCFD2 und CTSC waren hierbei am auffälligsten und wurden im weiteren Verlauf genauer untersucht.

Kurz gesagt, erlaubt hier die Bioinformatik „potentielle Verdächtige" zu finden, meist Proteine und deren Interaktionspartner, oft auch Proteine, die beispielsweise bestimmte Krankheitssymptome verursachen. Der Kreis der „Verdächtigen" kann weiter eingeengt werden, bis sich „Hauptverdächtige" herauskristallisieren. Nun kann man die Machenschaften der „Hauptverdächtigen" genauer unter die Lupe nehmen und schauen an welchen Vorgängen sie beteiligt sind. So kann man beispielsweise mögliche Therapieziele oder wenigstens Biomarker, die Anzeichen für eine bestimmte Krankheit sind, finden. Im Idealfall können die veränderten Stoffwechselwege durch eine gezielte Therapie wieder in Ordnung gebracht werden, doch auch hier ist es, wie bereits oben beschrieben, meistens noch ein langer Weg von der Analyse bis zur fertigen Medizin. Dennoch können solche Analysen zeigen wo eine potentielle Therapie ansetzen könnte und falls es bereits Medikamente gibt die die benötigte Wirkung haben, können diese als potentielle Wirkstoffe näher untersucht werden. Falls diese Medikamente dann tatsächlich die gewünschte Wirkung erzielen, hat die bioinformatische Analyse dazu beigetragen Zeit und Kosten zu sparen.

Infektionsbiologie und medizinische Implikationen

4

Nach der Betrachtung der Proteinnetzwerke können wir uns nun den Gesamteffekten zuwenden, also der Infektionsbiologie und medizinischen Implikationen. Die Zusammenhänge sind hier deutlich komplexer.

Insbesondere sind die regulatorischen Interaktionen zahlreich und unterschiedlich und wir haben noch eine weitere Ebene zu betrachten: Nicht nur Mensch und Virus, sondern menschliche Körperzellen und Immunsystem einschließlich aller Epithelzellen (Abb. 4.1).

Auch hier kann eine *in silico* Analyse, also eine Analyse am Computer mittels Bioinformatik helfen: Wir können auch komplexe Zusammenhänge modellieren, z. B. die T- und B-Zellantwort (Liang et al. 2022). Das geht sehr schön einfach, aber nur für die erste Phase der Infektion (Abb. 4.2).

Diese starken Korrelationen am Tag 30 (nach den ersten 128 Fällen) gehen in einen Trend über (Tag 45, schwächer am Tag 60) und verschwinden dann für noch spätere Zeitpunkte. Die festgestellten starken Korrelationen deuten darauf hin, dass die vorhergesagten Unterschiede in der adaptiven Immunantwort in verschiedenen Populationen eine wichtige Rolle bei den beobachteten deutlichen Unterschieden in den Todesfallraten in verschiedenen Ländern in dieser ersten Phase der Infektionsausbreitung spielen könnten. Eine starke adaptive Reaktion, die sich gegen den Spike, die Hülle und insbesondere das Membranprotein richtet, scheint wichtig zu sein, um eine weitere Ausbreitung der SARS-CoV-2-Infektion zu verhindern. Das kommt aber nur sehr klar für den Anfang der Pandemie heraus (Abb. 4.3), danach verhindern Aktivitäten von Behörden und Medizin (Impfung, Hygiene etc.) die weitere Ausbreitung maßgeblich stärker.

COVID-19 wird hauptsächlich durch Husten, Niesen, Sprechen und Atmen von Mensch zu Mensch übertragen. Übertragungswege sind also hauptsächlich Tröpfchen, am ehesten durch Aerosol. Andere Möglichkeiten (Kontakt, Fäkalien) fallen dagegen weniger ins Gewicht (Tab. 4.1).

T. Dandekar and M. Kunz, *Bioinformatik am Beispiel des SARS-CoV2 Virus und der Covid19 Pandemie*, essentials, https://doi.org/10.1007/978-3-658-39857-6_4

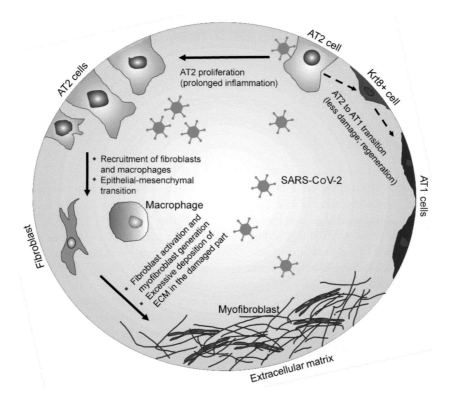

Abb. 4.1 Schematische Darstellung der Pathophysiologie der Alveolar-Reparatur.
Nach einer Verletzung der Lungen-Alveolen, während des Regenerationsprozesses, verhält
sich eine Untergruppe von AT2-Zellen wie Vorläuferzellen und lässt AT1-Zellen über eine
Krt8+-Zwischenstufe entstehen. Die durch die SARS-CoV-2-Infektion verursachte langan-
haltende Entzündung kann eine übermäßige fibrotische Reparatur auslösen. Die Ablagerung
von Kollagen und anderen extrazellulären Matrixkomponenten während der übermäßigen
fibrotischen Reparatur spielt eine entscheidende Rolle bei der Fibrose. (Copyright: Die Autoren, aus Gupta et al. 2021)

Es gibt auch die Möglichkeit, die SARS-CoV2 Epidemie Ausbreitung zu
simulieren

https://shiny.covid-simulator.com/covidsim/

Von **Prof. Dr. Thorsten Lehr** an der Universität Saarland (thorsten.lehr@mx.
uni-saarland.de)

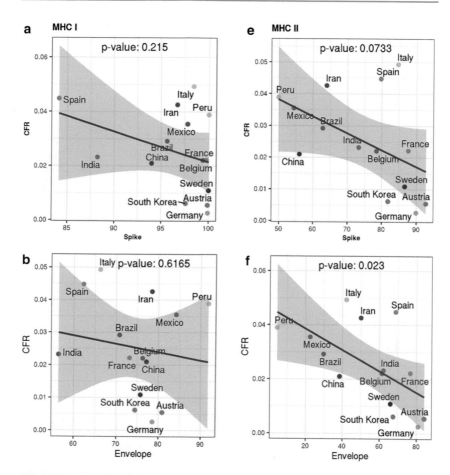

Abb. 4.2 Epitope korrelieren mit natürlicher Immunität und SARS-CoV2 Ausbreitung. (Daten aus dem Paper Liang et al. 2021). Die Korrelation zwischen der vorhergesagten MHC-Präsenz (MHC, Englisch: major histocompatibility complex oder auf Deutsch: Haupthistokompatibilitätskomplex oder Hauptgewebeverträglichkeitskomplex) und der Sterblichkeitsrate (englisch: „case fatality rate", CFR) in verschiedenen Ländern. Vorausgesagte MHC-Präsentationen (links: MHC I; rechts: MHC II) für verschiedene Strukturproteine von SARS-CoV-2 wurden mit der CFR korreliert, die für jedes Land am Tag 15

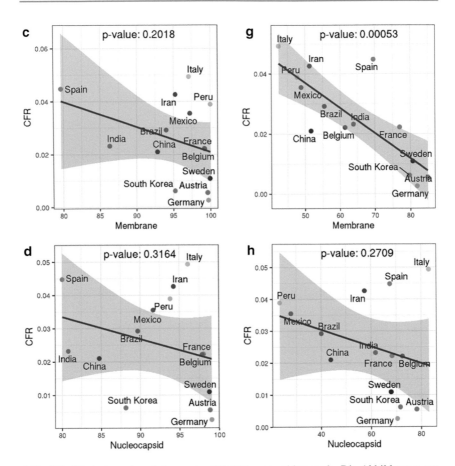

◀**Abb. 4.2** (Fortsetzung) nach den ersten 128 Fällen gemeldet wurde. Die Abbildungen enthalten einen p-Wert, der für eine lineare Regression (mit dem ggpubr-Paket) berechnet wurde. Die schattierten Bereiche zeigen zwei Standardabweichungen (Konfidenzintervalle) um die lineare Korrelation an. Die vorhergesagte MHC-Präsentation verschiedener SARS-CoV-2-Proteine für verschiedene Populationen und die in verschiedenen Ländern beobachtete Sterblichkeitsrate (CFR) zeigen eine starke negative Korrelation zwischen der vorhergesagten MHCII-Präsentation von SARS-CoV-2-Epitopen und der CFR für das Membranprotein (p-Wert: 0,00053, Tafel G), für das Hüllprotein (p-Wert: 0,023, Tafel F) und, nur deutlich (p < 0,1), aber nicht mehr stark für das Spike-Protein (p = 0,0733) (Tafel E), aber nicht für MHCI (Membranprotein: Tafel C, Hüllprotein: Tafel B, Spike-Protein: Tafel A, Nukleokapsidprotein: Tafel D) oder Nukleokapsidprotein (Tafel H). Eine gute MHCII-Präsentation ist eine wichtige Voraussetzung für die T-Zell-abhängige Antikörperproduktion

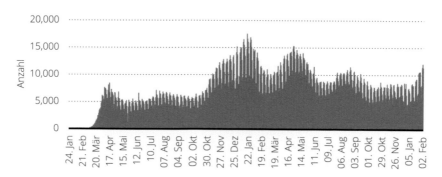

Abb. 4.3 **Seuchenausbreitung Quelle(n):** Worldometer; ID 1103240

Tab. 4.1 Übertragungswege bei Corona Infektionen

- **Tröpfchen** – Atemwegssekrete, die beim Husten oder Niesen auf die Schleimhäute (Nase, Mund und Augen) gelangen
- **Aerosol** – ein in der Luft schwebender fester Partikel oder Flüssigkeitströpfchen
- **Kontakt** – Berühren von Gegenständen, auf denen sich das SARS-2-Virus befindet, und anschließendes Berühren von Mund, Nase oder Augen
- **Andere mögliche Übertragungswege:** Fäkalien

Dies kann hier nur sehr einführend dargestellt werden, bitte die Einführung und die FAQ erst durchlesen (auf der Seite) und dann erst Simulationen ausprobieren. Wichtige Grundbegriffe, die gar nicht so leicht in die Simulation einzubauen sind, ist die Infektionsrate in der ansteckenden Phase R_0, die Sterberate (Prozentsatz, am besten sogar altersspezifisch), die Durchimpfung in der Bevölkerung aber auch die Auswirkungen von neuen Mutationen oder des Übertragungsweges (Aerosole sind bei SARS-CoV2 entscheidend).

Über jede dieser Faktoren sind viele Arbeiten erschienen (eigenes Beispiel über R0: Prada et al. 2022) und deshalb ist wichtig zu erkennen, jede Simulation ist immer eine starke Vereinfachung. Gerade das kann aber helfen, wichtige Grundprinzipien zu erkennen.

Besonders wichtig ist hier die Herdenimmunität: Um die Infektion zu unterdrücken, muss die Ansteckungsrate R_0 unter 1 sein, dann fällt nämlich mit der Zeit die Zahl der Infizierten, die neu Leute anstecken können. Bei einer natürlichen R_0 von 1.3 müssen deshalb $1 - (1/1.3) = 1 - 0.77 = 33\ \%$ der Menschen geimpft sein, damit die Menge der Infizierten konstant bleibt. Allgemein ist die

Formel also für die Herdenimmunität: $1 - (1/R_0)$. Das bedeutet für die jetzt (Ende Oktober 22) vorherrschende Omikron-Variante mit einem R_0 von bis zu 20 (ungeschützt, ohne weitere Maßnahmen und Sitzen in Innenräumen; durchaus Masern vergleichbar) eine nötige Durchimpfung bzw. Durchseuchung von 95 %. Dies könnte bald in unserer Bevölkerung mittlerweile erreicht sein, andererseits gilt es aber auch, eine Überlastung der Intensivstationen zu vermeiden – alles nicht einfach.

Gutes Impfen schützt natürlich am besten (ohne Erkrankung steigt die Immunität), nicht nur bei Corona und funktioniert erfolgreich z. B. bei Masern und vielen anderen Kinderkrankheiten.

Aber was kann man machen, wenn man an Corona erkrankt? Dieser Frage wendet sich Tab. 4.2 zu.

Tab. 4.2 Optimale medikamentöse Behandlung und zukünftiges Drug Design

---

1. Optimale Behandlung in der Klinik (NIH Richtlinien):
Für Patienten, die ein hohes Risiko haben, eine schwere COVID-19 Infektion zu entwickeln
Bevorzugte Therapien. Aufgeführt in der Reihenfolge der Präferenz:
Ritonavir-verstärktes Nirmatrelvir (Paxlovid)
Remdesivir

Alternative Therapien. NUR zu verwenden, wenn keine der bevorzugten Therapien verfügbar, durchführbar oder klinisch angemessen ist. In alphabetischer Reihenfolge aufgelistet:
Bebtelovimab
Molnupiravird

Für beatmete, schwer kranke Patienten neben der symptomatischen Behandlung (auch wichtig):
Baricitinib, Tofacitinib, Tocilizumab oder Sarilumab sowie gegen die Entzündung Dexamethason

---

2. Neue Medikamente, die zugelassen sind:
Antikörper gegen Spike Protein
Polymerase stoppen (z. B. falsche Nukleotide)
Virale Protease stoppen

---

3. Potentielle neue Therapien:
Screening *in vitro* (HIRI)
Screening *in silico* (LS Bioinformatik)
Beispiel: Nukleotidanaloga
Wirtsproteine sind für die Virusreplikation essenziell

Es gibt damit mittlerweile etablierte Therapien, die durchaus wirksam die Behandlung der Covid19 Infektion unterstützen und weitere sind in Vorbereitung. Das ist sehr schön zusammengefasst am National Institute of Health der Vereinigten Staaten:

Die Tab. 4.2 zeigt aber nur einen kurzen Auszug der ausführlichen Therapierichtlinien, die es unter https://www.covid19treatmentguidelines.nih.gov zu lesen gibt.

Natürlich ist die Therapie eines schwer an Covid19 nur etwas für einen gut ausgebildeten Intensivarzt oder Infektionsmediziner, es ist hier nur kurz, skizziert um eine erste Einführung zu bekommen.

Wir wissen außerdem, dass auch die symptomatische Therapie sehr viel hilft, z. B. Herz-Kreislauf Unterstützung und vor allem Beatmung, gerade mit Sauerstoff, auf der Intensivstation.

Besonders wichtig ist die Behandlung gegen die überschießende Immunreaktion. Cortison hilft hier (optimale Form: Dexamethason; Stand Oktober 2022) das dämpft den Cytokin und Bradykinin-Sturm. Die besonders herausfordernde Behandlung des Immunsystems bei der Covid19 Infektion sollte aber stets nach aktuellem Wissen angepasst werden, also auch die Gabe der Medikamente.

Die Bioinformatik unterstützt den Fortschritt durch die Vorhersage von Angriffspunkten und Wirkstoffen. So gibt es die Möglichkeit, direkt von einem Protein-Netzwerk oder einem Protein auszugehen und sich mithilfe einer passenden Datenbank bzw. einem Datenbank-Tool (Werkzeug) einen optimalen Angriffspunkt vorhersagen zu lassen. Eine eigene Entwicklung ist hierfür die DrumPID Datenbank (Abb. 4.4).

https://drumpid.bioapps.biozentrum.uni-wuerzburg.de/compounds/index.php

Wenn wir hier Angiotensin-converting enzyme 2 eingeben, sehen wir eine Reihe von Medikamenten Vorschlägen (ACE2 bringt keine Antwort, siehe oben; aber die Vervollständigung der Begriffe weist den Benutzer darauf hin, das es Angiotensin-converting enzyme 2 heissen muss, neben Chloroquin und Hydroxychloroquin, die ja tatsächlich erprobt wurden, ist noch Aminoethyl-1-aziridineehanamine ein Vorschlag.

Und man kann sich überzeugen (in PubChem, Originaltext auf Englisch):

https://pubchem.ncbi.nlm.nih.gov/compound/N-_2-Aminoethyl_-1-aziridine ethanamine

N-(2-Aminoethyl)-1-aziridin-ethanamin ist eine primäre Aminoverbindung, die aus Ethan-1,2-diamin besteht, bei der der Wasserstoff an einer der Aminogruppen durch eine 2-(Aziridin-1-yl)ethylgruppe ersetzt ist. Es ist ein Hemmstoff des Angiotensin-konvertierenden Enzyms 2 (ACE2) und ein potenzielles Therapeutikum zur Behandlung von Infektionen mit dem SARS-Coronavirus. Es ist ein

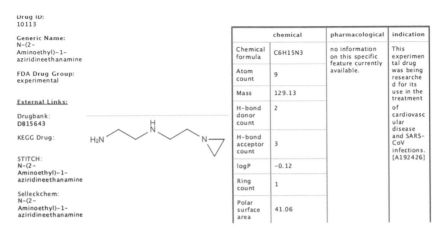

Drug ID:
10113

Generic Name:
N-(2-
Aminoethyl)-1-
aziridineethanamine

FDA Drug Group:
experimental

External Links:

Drugbank:
DB15643

KEGG Drug:

STITCH:
N-(2-
Aminoethyl)-1-
aziridineethanamine

Selleckchem:
N-(2-
Aminoethyl)-1-
aziridineethanamine

	chemical	pharmacological	indication
Chemical formula	C6H15N3	no information on this specific feature currently available.	This experimen tal drug was being researche d for its use in the treatment of cardiovasc ular disease and SARS-CoV infections. [A192426]
Atom count	9		
Mass	129.13		
H-bond donor count	2		
H-bond acceptor count	3		
logP	-0.12		
Ring count	1		
Polar surface area	41.06		

Abb. 4.4 DrumPID Datenbank

EC 3.4.17.23 (Angiotensin-Converting Enzyme 2) Inhibitor und ein anticorona-virales Mittel. Es gehört zu den Aziridinen, einer sekundären Aminoverbindung und einer primären Aminoverbindung. Es leitet sich von einem Diethylentriamin ab.

Weitere solche Datenbanken, um aus dem Proteinnetzwerk an Hand von Datenbanken auf verfügbare Medikamente oder Pharmaka zu schließen sind die Software CheEMBL (https://www.ebi.ac.uk/chembl/) und STITCH (http://stitch.embl.de/).

Bei STITCH führt die Abfrage mit ACE2 zu einer Reihe von Angiotensin Converting Enzmye Hemmern gegen Bluthochdruck, aber auch zu Pharmaka gegen die Covid19 Infektion (Abb. 4.5).

Ein Protein-Netzwerk basierter Ansatz ist auch in der Lage, ganz neue pharmakologische Möglichkeiten aufzuzeigen (Schmidt et al. 2021):

Mehr als 100 humane Proteine binden direkt an die virale RNA. Die Inhibierung humaner RNA-Bindeproteine reduziert die Virusreplikation in den Lungenzellen 1000-fach.

Im Umfeld einer solchen Netzwerkanalyse zeigte sich außerdem ein ganz wichtiger Wirtsfaktor, das antivirale Protein ZAP (Zimmer et al. 2021), das in der kurzen Isoform die ribosomale Umprogrammierung des SARS-CoV2 Virus blockiert.

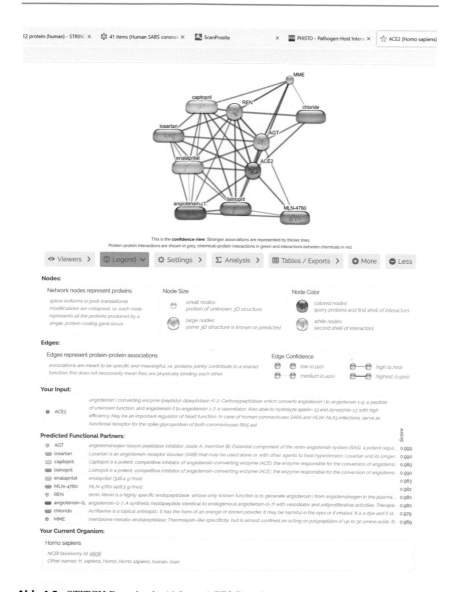

Abb. 4.5   STITCH Datenbank, Abfrage ACE2 Protein

Allerdings sind sehr gesucht und ein offenes Problem, neue Mittel gegen die „Long Covid" Krankheit, eine oft monatelang anhaltende Schwäche, Entzündung und allgemeine Störung durch die Infektion.

Genetische Faktoren: Das komplexeste überhaupt, vom Gen zum Phänotyp, aber da gibt es eine wunderbar einfache Lösung, die OMIM Datenbank.

Beispielsweise können wir einfach bei https://www.omim.org/ eingeben „SARS-CoV2" und finden dann 17 Treffer (Stand: Mai 2022) zu genetischen Faktoren, über die im Zusammenhang mit Corona-Infektionen berichtet wurde.

Unter anderem kann man beim ACE2 Rezeptor nachschauen:

Und erhält dann folgendes Bild (Tab. 4.3):

Und natürlich gibt es auch aktuelle Daten für SARS-CoV2, z. B. wenn man weniger empfindlich gegen die Covid19 Infektion ist, die Suche mit susceptibilities SARS-CoV-2 ergibt 2 Treffer.

Und beim ersten OMIM Eintrag OAS1 findet man beispielsweise (ins Deutsche übersetzt):

„In groß angelegten Kohorten mit mehr als 20.000 Personen europäischer Abstammung fanden Zhou et al. (2021) einen Zusammenhang zwischen erhöhten zirkulierenden OAS1-Proteinspiegeln und dem Schutz vor COVID19 in einem nicht-infektiösen Zustand. Die erhöhten OAS1-Spiegel schützten vor drei gemessenen Ergebnissen: Infektion, Krankenhausaufenthalt und Gesamtschwere der Erkrankung. Der Schutz war wahrscheinlich auf erhöhte Spiegel der p46-Isoform zurückzuführen, die mit dem angestammten G-Allel von rs10774671 assoziiert ist und sich bei bestimmten viralen Infektionen als aktiver erwiesen hat. Die OAS1-Proteinspiegel wurden aus einer Kohorte von 399 Personen, die positiv auf SARS-CoV-2 getestet wurden, und 105 Personen, die negativ auf SARS-CoV-2 reagierten, ermittelt. Die Ergebnisse bestätigten, dass erhöhte OAS1-Spiegel in nicht-infektiösen Proben mit einer geringeren Wahrscheinlichkeit von negativen COVID-Ergebnissen verbunden waren. Während einer aktiven Infektion mit SARS-CoV-2 waren erhöhte OAS1-Konzentrationen jedoch mit einem erhöhten Risiko für ungünstige COVID19-Ergebnisse verbunden. Die Ergebnisse deuten darauf hin, dass erhöhte OAS1-Spiegel im nicht-infektiösen Zustand mit besseren Ergebnissen verbunden sind und dass während der Infektion die OAS1-Spiegel erhöht sind, was zu schlechteren Ergebnissen führen kann."

Natürlich geht das auch wesentlich professioneller, Kousathanas et al. (2022) schauen sich dafür die vollständige Sequenzierung des gesamten Genoms bei 7491 kritisch kranken Patienten im Vergleich zu 48.400 Kontrollpersonen an, um 23 unabhängige Varianten zu entdecken und zu replizieren, die eine signifikante Prädisposition für einen kritischen Verlauf einer Covid-19 Infektion darstellen.

Es wurden von den Autoren 16 neue unabhängige Assoziationen identifiziert, darunter Varianten in Genen die an der Interferonsignalisierung (IL10RB,

Tab. 4.3 OMIM

https://www.omim.org/entry/300335?search=SARS-CoV2

Cytogenetic location: Xp22.2, Genomic coordinates (GRCh38): X:15,518,196-15,607,210

TEXT

Cloning and Expression

By EST database searching for sequences showing homology to the zinc metalloprotease angiotensin-I converting enzyme (ACE; 106180) and by screening a human lymphoma cDNA library, Tipnis et al. (2000) cloned a full-length ACE2 cDNA, which they called ACEH, encoding a deduced 805-amino acid protein that shares approximately 40% identity with the N- and C-terminal domains of ACE. ACE2 contains a potential 17-amino acid N-terminal signal peptide and a putative 22-amino acid C-terminal membrane anchor. It has a conserved zinc metalloprotease consensus sequence (HEXXH) and a conserved glutamine residue that is predicted to serve as a third zinc ligand. Northern blot analysis detected high expression of ACE2 in kidney, testis, and heart, and moderate expression in colon, small intestine, and ovary.

SARS-CoV1

Role of ACE2 in Coronavirus Infection

Spike (S) proteins of coronaviruses, including the coronavirus that causes severe acute respiratory syndrome (SARS), associate with cellular receptors to mediate infection of their target cells. Li et al. (2003) found that ACE2, isolated from SARS coronavirus-permissive Vero E6 cells, efficiently bound the S1 domain of the SARS coronavirus S protein. Li et al. (2003) found that a soluble form of ACE2, but not of the related enzyme ACE1, blocked association of the S1 domain with Vero E6 cells. HE293T cells transfected with ACE2, but not those transfected with HIV-1 receptors, formed multinucleated syncytia with cells expressing S protein. Furthermore, SARS coronavirus replicated efficiently on ACE2-transfected but not mock-transfected HEK293T cells. Finally, anti-ACE2 but not anti-ACE1 antibody blocked viral replication on Vero E6 cells. Li et al. (2003) concluded that ACE2 is a functional receptor for SARS coronavirus.

Jeffers et al. (2004) demonstrated that another human cellular glycoprotein, namely CD209L (605872), can serve as an alternative receptor for the SARS coronavirus.

Using retroviral pseudotypes to analyze cell tropism and receptor engagement, Hofmann et al. (2005) found that the S protein of NL63, a novel group I human coronavirus isolated from infants and immunocompromised adults, engaged the SARS receptor ACE2 for cellular entry. They also showed that replication of NL63 depended on ACE2. NL63 did not use CD13 (ANPEP; 151530), the receptor for the closely related group I coronavirus 229E. Neutralization assays demonstrated that sera from adults and children, but not infants, inhibited replication of NL63. In contrast, only a minority of sera inhibited replication of 229E, suggesting that NL63 infection is more frequent and typically occurs during childhood.

Hoffmann et al. (2020) showed that, like the SARS virus CoV-1, the CoV-2 virus enters cells by attachment to ACE2 receptors. Further, the viral S protein is processed (or primed) by the cellular protease TMPRSS2 (602060). The authors also showed that inhibitors of TMPRSS2 could block viral entry in cell culture, as could serum from convalescent patients.

Using immunostaining and flow cytometric assays in transfected HEK293T cells, Wang et al. (2020) identified the S1 C-terminal domain (CTD) as the key region of SARS-CoV-2 involved in interaction with human ACE2.

* 164350. 2-PRIME,5-PRIME-OLIGOADENYLATE SYNTHETASE 1; OAS1

Cytogenetic location: 12q24.13, Genomic coordinates (GRCh38): 12:112,906,961-112,933,218

Matching terms: sarscov2, susceptibility

▶ Gene-Phenotype Relationships   ▶ Links

2:

301051. IMMUNODEFICIENCY 74, COVID19-RELATED, X-LINKED; IMD74

Cytogenetic location: Xp22.2

Matching terms: sarscov2

▶ Phenotype-Gene Relationships   ▶ Phenotypic Series   ▶ ICD+   ▶ Links

PLSCR1), der Leukozytendifferenzierung (BCL11A) beteiligt sind, sowie dem Blutgruppen-Antigen-Sekretions-Status (FUT2). Durch transkriptomweite Assoziation und Kolokalisierung, um die Auswirkung der Genexpression auf den Schweregrad der Krankheit abzuleiten, finden wir Anzeichen, die auf mehrere Gene hindeuten, darunter die verminderte Expression einer Membran Flippase

(ATP11A) und eine erhöhte Mucin-Expression (MUC1), in die kritische Erkrankung einbeziehen. Mendelsche Randomisierung liefert Beweise für die kausale Rolle von Adhäsionsmolekülen myeloischer Zellen, nämlich die Adhäsionsmoleküle SELE, ICAM5, CD209 und den Gerinnungsfaktor F8, die alle potenzielle Angriffspunkte für Medikamente sind. Unsere Ergebnisse stimmen weitgehend mit einem Multikomponenten-Modell der Covid-19-Pathophysiologie überein, bei der mindestens zwei verschiedene Mechanismen zu einer lebensbedrohlichen Erkrankung führen können: Versagen bei der Kontrolle der Virusreplikation oder eine verstärkte Tendenz zur Lungenentzündung und intravaskulärer Gerinnung. Die Autoren zeigen, dass der Vergleich zwischen kritisch kranken Fällen und der Kontrollbevölkerung sehr effizient ist, um therapeutisch relevante Krankheitsmechanismen zu erkennen.

Auch bei der Suche nach Antworten auf verschiedene während der globalen Pandemie aufgekommenen Fragen kann die Bioinformatik helfen:

Abstammung (Fachausdruck: Phylogenie): Woher haben wir aber überhaupt den SARS-CoV2 Virus? Da gab es ja schon allerhand abenteuerliches zu hören, von Verschwörungstheorien, die das Virus aus chinesischen oder gar amerikanischen Labors künstlich gezüchtet wähnen. Das Problem bei solchen Theorien ist nicht, dass sie nicht möglich wären: Jede der drei militärischen Supermächte USA, China und Russland haben selbstverständlich Forschungslabors zum Schutz oder zur Entwicklung von biologischer Kriegsführung und sammeln auch zahlreiche humanpathogene Virusstämme. Zudem war ja in Wuhan genau das zentrale chinesische Biolabor. Also möglich ist es darum alle Male, dass hier auch das SARS-CoV-2 Virus kultiviert wurde. Dies hat aber vermutlich den natürlichen Lauf der Ereignisse nur unwesentlich beeinflusst: Man kann durch den Vergleich der vorliegenden Mutationen und die Analyse der verschiedenen Viruspopulationen eindeutig einen zoonotischen (also aus dem Tierreich stammenden) Ursprung des SARS-CoV-2 Virus nachweisen. Es gibt eine klare Abstammungslinie der verschiedenen SARS-CoV-2 Viren von der Fledermaus über den Pangolin zum Menschen (Abb. 4.6). Zudem legen diese Analysen nahe, dass es bereits früher schon zu vereinzelten Übergängen, die aber nicht zu einer Pandemie führten, gekommen ist. Im Labor gesammelte Viren aus Fledermäusen könnten dies bei Unachtsamkeit oder nach Mitarbeiter Infektionen unterstützt haben. Aber der natürliche Ursprung dieser Virusvariante ist so überwältigend klar, dass mögliche künstliche Eingriffe zwar denkbar sind, aber schwerlich etwas an dem natürlichen Verlauf hätten ändern können. Vielleicht im Tempo, aber die chinesischen Behörden halten sich zu bedeckt, um dies beantworten zu können.

Covid-Impfung: Eigentlich ist dies ja immer die beste Lösung bei Infektionskrankheiten, man verhindert, dass man überhaupt krank wird.

Isolates

2013 bat (Yunnan)
R. affinis (EPI_ISL_402131)

H. sapiens (EPI_ISL_402125)

2017 pangolin (Guangxi)
M. javanica (EPI_ISL_410539)
(EPI_ISL_410540)

H. sapiens (EPI_ISL_402125)
(EPI_ISL_402132)

2019 pangolin (Guangdong)
M. javanica (EPI_ISL_410721)
(EPI_ISL_412860)

H. sapiens (EPI_ISL_402125)
(EPI_ISL_402132)

2019-20 pandemic

H. sapiens (EPI_ISL_402132)

H. sapiens (EPI_ISL_402125)

Abb. 4.6 **Detaillierter Vergleich der ACE2 bindenden RBD-Reste von Bat-CoV_RaTG13 (Fledermaus), Pangolin CoVs (Schuppentier) und SARS-CoV-2 (Mensch).** Der Erhaltungsgrad der Sequenz wurde mit der Software seqLogo visualisiert. Die Buchstabenhöhe ist proportional zum Erhaltungsgrad der einzelnen Reste in der Sequenz und der Farbcode zeigt ähnliche physikochemische Eigenschaften an. Die für die ACE2-Bindung wichtigen Reste wurden auf die Wuhan-Hu-1 referenzierte SARS-CoV-2 S-Protein-Sequenz (GISAID accession ID: EPI_ISL_402125) abgebildet. Um visuelle Fehlinterpretationen zu vermeiden, wurde in jedem Block die gleiche Anzahl von Sequenzen der zu vergleichenden Arten verwendet. In der seqLogo-Grafik wird die Sequenzerhaltung von SARS-CoV-2 immer dann, wenn zwei Aminosäuren aufeinander abgestimmt sind, an der unteren Position angezeigt. Erforderliche Mutationen in Fledermaus- und Schuppentier-RBD (RNA bindende Domäne) für die Anpassung an den Menschen sind mit Pfeilen dargestellt; normaler Pfeil: semi-konservative Substitution, also Aminosäuren, die nur teilweise biochemisch ähnlich in den Organismen sind; gestrichelter Pfeil: nicht-konservative Substitution, die biochemische Eigenschaften nicht erhalten und fetter Pfeil: konservative Substitution, die biochemischen Eigenschaften der Aminosäuren sind stark zwischen den Organismen erhalten. (Eigene Abbildung; veränderte Version publiziert in Gupta et al. 2022)

Welches sind die Oberflächenproteine, die man generell für einen Impfstoff empfehlen würde, da über die Oberflächenproteine der Organismus den Erreger erkennt? Nun (siehe die Proteinstrukturmodelle oben): Schön klar und auch stark immunogen ist besonders das Spike-Protein, die übrigen Membranproteine sind auch hilfreich.

Biotechnologie erlaubt dann schnell, passende Impfstoffe herzustellen, etwa: BioNtec-Pfizer; MODERNA (RNA Impfstoffe), Astra-Zeneka (Proteinimpfstoffe).

Die Impfung ist außer für ganz spezifische Risikogruppen unbedenklich: Gerade bei RNA Impfstoffen gibt es keine Berichte über die Integration von Adenoviren, RNA Impfstoffe wurden bereits für die BCG Impfung genutzt; es gibt keine Autoantikörper bei RNA Impfstoffen, auch die Lipsome/Nanodroplets sind nach allen vorliegenden Daten medizinisch unbedenklich. Die Impfung von Millionen Manschen offenbart auch durch besonders empfindliche Personen („Schnell-Läufer") Risiken, die allgemein erst nach zehn mal längerer Beobachtungszeit auftreten. Die jetzige mehrjährige Beobachtungszeit bestätigt die hohe Verträglichkeit der Impfung. Die geringen kurzfristigen Impfnebenwirkungen und das bis jetzt Nichtbeobachten von Langzeitimpfschäden unterstreichen dies weiterhin.

Nachspiel: Wie stark wartet die Welt auf die Ergebnisse der Bioinformatik zu Covid19?

Die kurze Antwort: Leider gar nicht;-).

Da fast die Hälfte der Bioinformatik-Labore der Welt und zahlreiche Experimental-Labors der Welt alle über Covid19 arbeiten (verschiedenste Gründe: aus Interesse, aus Not, weil sie sich für die Besten halten…) ist der Konkurrenzkampf auf dem Gebiet gegenwärtig einer der härtesten für ein Feld überhaupt.

Dem Anfänger kann man nur raten: Verschwenden Sie nicht ihre Zeit damit, zu glauben, dass ein einfach gehaltenes Bioinformatik-Manuskript hier noch etwas Neues finden kann, alles ist gemacht worden, was schnell zu machen ist (Tab. 5.1):

Es gibt sehr viele Publikationen über SARS-CoV2 und zu diesen Themen.

Man sollte genau dann ein Bioinformatikprojekt machen, wenn man etwas Neues, Unerwartetes beitragen kann:

Zum Beispiel beteiligte kleine RNAs bei der SARS-CoV2 Infektion,

Zum Beispiel die Wirtsantwort genauer beschreiben, mit neuen Daten.

Hierbei ist wichtig, dass man entweder tolle eigene experimentelle Daten vorlegt, die die Bioinformatik bestätigen oder dass man einen großen Datensatz experimenteller Daten auf neue und nicht leicht nachmachbare Weise analysiert.

Falls man neue pharmakologische Ansätze vorhersagen will: Das haben schon so viele gemacht, dass dies zurzeit nur unter ganz besonderen Umständen publizierbar ist. Wenn man aber die eigenen Vorhersagen experimentell bestätigen kann, dann ist das schon eine ganz andere Geschichte.

T. Dandekar and M. Kunz, *Bioinformatik am Beispiel des SARS-CoV2 Virus und der Covid19 Pandemie*, essentials, https://doi.org/10.1007/978-3-658-39857-6_5

Tab. 5.1 Wo ist Bioinformatik besonders schnell?	1. Genomannotation (mit BLAST, mit SMART Domänenanalyse, mit Prosite, mit ExPaSy)
	2. Transkriptomanalyse (was ist hoch, was ist niedrig exprimiert; GEO Datenbank, RNA Analyzer …)
	3. Protein-Netzwerkanalyse (STRING) und Finden von Drugtargets (DrumPID, STITCH, ChEMBL…)

Tab. 5.2   Systemrisiken

Risiko	Bioinformatik Hilfestellung
Pandemie:	Modellierung des Infektionsprozesses, Impfstoffherstellung Neue Drugs, medizinisches Verständnis, Evolution etc.
Globale Erwärmung:	Modellierung von: Neuen Ansätze, die Erde zu kühlen („„Marine Cloud Brightening"") Klimapflanzen um CO_2 aus der Luft besser zu entfernen Climate Repair durch nachhaltige Algenzucht, die insbesondere sogar die Wal-Population wieder wachsen lässt
Nuklearer Krieg	Modellierung von: Schutz vor Strahlung, Stress-Resistenz-Pathways, Hilfe für Strahlenopfer; Dekontaminationsstrategien
Künstliche Intelligenz	Bioinformatik unterstützt durch: Herausarbeiten, was natürliche Intelligenz im Vergleich kann Sinnvolles Strukturieren von Entscheidungsprozessen, sodass der Mensch alle ethischen, moralischen, fundamentalen Entscheidungen trifft, und nicht die Maschine; Digitales Manifest, Transparenz und Freiheit in digitalen Machtstrukturen erhalten
Finanz-Crash	Modellierung von: Nachhaltiger, dezentraler Produktion und Stoffkreisläufe; Kreislaufwirtschaft in der Zelle zeigen und als Motivationshilfe nutzen; Resilienz und Robustheit durch Lernen von der Biologie stärken

Das wäre also die Quintessenz für Ihre SARS-CoV-2 oder Covid Forschung:

1. Bitte jedes Bioinformatik-Ergebnis über einen zweiten Algorithmus oder einen alternativen Weg absichern und
2. auch das Ergebnis an bekannten experimentellen Ergebnissen verankern und am besten auch noch selber (gerne in Kollaboration) ein Validierungsexperiment in einem Labor *neu* durchführen.

Dann leisten Sie einen Beitrag zu neuen Ergebnissen – und ja, bei jedem anderen Gebiet sollte man genauso vorgehen, es ist meistens dort aber leichter, ein Bioinformatik-Paper zu platzieren, weil einfach die Konkurrenz nicht so überwältigend groß ist wie bei den Themen Covid-19 und SARS-CoV-2.

Abschließend sollten wir noch einen Blick auf die Systemrisiken unserer menschlichen Zivilisation werfen:

Eine weltweite Infektion, die SARS-CoV-2 Pandemie, gehört zu den großen Gefahren, die der Menschheit drohen. Mit Covid-19 haben wir noch Glück gehabt, die großen Seuchen wie Pest, Pocken, Tuberkulose und HIV haben, im Gegensatz zu Corona, keine harmlosere Omikron Variante entwickelt und bleiben uns mit Millionen Toten durch Infektionskrankheiten erhalten.

Es gibt insgesamt fünf Systemrisiken, zu allen kann die Bioinformatik Beiträge leisten und weitsichtig vorausschauen. Damit kann die Bioinformatik mit ihrer Vielfalt an den verschiedensten Tools und Methoden etwas zur Entwicklung von Reaktionsstrategien zu allen fünf Systemrisiken beitragen (Tab. 5.2).

Hier wäre die Schlussfolgerung, das wir die Bioinformatik nutzen sollten, um von der Natur zu lernen, uns von der Ordnung und Kreiswirtschaft in der Zelle inspirieren zu lassen, wie wir unsere Zivilisation robust, nachhaltig und menschlich gestalten.

Fazit und Schlusswort

Bioinformatik betreibt gute Biologie mit dem Computer. Sie hilft, schnell sich einen Überblick über biologische Systeme zu verschaffen und nutzt dafür, dass vieles in der Zelle schon sehr optimal und oft auch digital aufgebaut ist: Angefangen vom Genom über RNA und Proteinmoleküle: Überall gibt es Sprachen, Codes, die man knacken, verstehen und lesen kann – und dadurch im Nu versteht, wozu dieser Organismus in der Lage ist.

Gerade bei unserem zentralen Beispiel, der Corona-Infektion durch den SARS-CoV-2 Virus ist die Bioinformatik von Anfang an wichtig: Um nach der Sequenzierung schnell über die bioinformatische Auswertung den Organismus zu verstehen, aber auch, um eine schnelle und treffsichere Diagnostik zu ermöglichen. Es gelingt durch Anwenden der Bioinformatik aber auch, die Firmen und Forscher bei der Impfstoffherstellung zu unterstützen und bei der akuten Krankheit, aber auch beim Long-Covid-Syndrom neue Drug-targets zu finden sowie besser das Immunsystem der Patienten und seine Reaktionen bei Covid19 zu verstehen.

Anhang: Nützliche Web-Links

Siehe Tab. (5.3) und (5.4).

Tab. 5.3 Wertvolle Portale[a] für die Bioinformatik

NCBI	https://www.ncbi.nlm.nih.gov/ Bester Einstieg für jeden, sehr gut gepflegt, zahlreiche Programme, z. B. BLAST (Sequenzvergleich einer eigenen Sequenz mit allen bekannten Sequenzen am NCBI, damit rasche Funktionsvorhersage); Am NCBI läuft das BLAST Programm als Metaserver, das heißt, konservierte Domänen („CDS") und Motive (Aminosäuren mit bestimmter Funktion) werden gleich in kurzen Läufen schnell mit analysiert und im graphischen Output dargestellt. OMIM (schönes Beispiel für eine sehr gute humangenetische Datenbank) Pubmed (unerlässlich für Literatursuchen		
EBI	https://www.ebi.ac.uk/ Guter Einstieg für Bioinformatiker, insbesondere Code-Bausteine für BioPerl/BioJava SMART Datenbank (sehr nützlich für Domänen-Analyse in Proteinen) Alphafold Link (künstliche Intelligenz sagt Proteinstrukturen vorher) EMBL Datenbank (wie Genbank am NCBI große Primärsequenzdatenbank) EuroPMC https://europepmc.org/ (ein europäisches Literatursystem als Unabhängige Alternative zu Pubmed; nicht so einfach wie Pubmed, aber viele Suchmöglichkeiten und zweite Meinung)		
SBI/ExPasy	https://www.expasy.org/ Benutzerfreundlicher Einstieg des Schweizer Bioinformatik Institutes. Besonders gut sind die Proteinanalysen, mittlerweile bietet das SBI aber auch Genomanalysen, einen eigenen BLAST, und viel Bioinformatik an		
	SwissModel	3D Vorhersage an Hand einer bekannten Proteinstruktur (Homologiemodell); sehr einfach zu benutzen!
	PredictProtein	Neuronales Netz sagt Sekundärstruktur (Helix, Strand, Schlaufenregionen, Globularität und weitere Proteineigenschaften vorher)

(Fortsetzung)

Tab. 5.3 (Fortsetzung)

Peptideproperties	Biochemische und biophysikalische Eigenschaften der Aminosäuren und Peptide
STRING	Proteinnetzwerke, Kombiniert Vorhersagen mit experimentellen Daten (auch Einstieg vom EMBL, Dort ursprünglich etabliert; https://string-db.org/ 20 Milliarden Interaktionen; 67 Mio Proteine; 14094 Organismen; Stand: 15.Sep. 2022)

[a] Portale bieten viele Programme und Datenbanken für die Bioinformatik auf einer Einstiegseite an. Wir listen hier die drei besten Portale für einen Bioinformatik Einstieg und eine Auswahl wichtiger Programme und Datenbanken auf

Tab. 5.4 Wertvolle Corona-Ressourcen (Auswahl)

Robert Koch Institut	https://www.rki.de/DE/Home/homepage_node.html
Coronafälle (Worldometer)	https://www.worldometers.info/coronavirus/
Statista Aufbereitung	https://de.statista.com/themen/6018/corona/
CDC Informationen	https://www.cdc.gov/coronavirus/2019-ncov/index.html https://www.cdc.gov/library/researchguides/2019NovelCoronavirus.html
SBI/ Expasy	https://viralzone.expasy.org/30?outline=all_by_species
The Lancet Covid19 Resource center	https://www.thelancet.com/coronavirus

Was Sie aus diesen *essentials* mitnehmen können

- Der Bioinformatik-Start gelingt leicht mit diesem Einstieg.
- Weblinks und Software erlauben rasch spannende Bioinformatik Analysen.
- Molekularbiologie und Bioinformatik erlauben als Dream-Team, auch neuen Krankheiten aktiv, rational und effizient zu begegnen.
- Mitmachen lohnt sich, wenn man geduldig alle eigenen Ergebnisse sammelt und kritisch im Netz überprüft.
- Einen aktuellen Stand der molekularen Einsichten in das SARS-CoV2 Virus.

T. Dandekar and M. Kunz, *Bioinformatik am Beispiel des SARS-CoV2 Virus und der Covid19 Pandemie*, essentials, https://doi.org/10.1007/978-3-658-39857-6

Literatur

Altschul SF, Madden TL, Schäffer AA, Zhang J, Zhang Z, Miller W, Lipman DJ. Gapped BLAST and PSI-BLAST: a new generation of protein database search programs. Nucleic Acids Res. 1997 Sep 1;25(17):3389–402.

Bauer A, Schreinlechner M, Sappler N, Dolejsi T, Tilg H, Aulinger BA, Weiss G, Bellmann-Weiler R, Adolf C, Wolf D, Pirklbauer M, Graziadei I, Gänzer H, von Bary C, May AE, Wöll E, von Scheidt W, Rassaf T, Duerschmied D, Brenner C, Kääb S, Metzler B, Joannidis M, Kain HU, Kaiser N, Schwinger R, Witzenbichler B, Alber H, Straube F, Hartmann N, Achenbach S, von Bergwelt-Baildon M, von Stülpnagel L, Schoenherr S, Forer L, Embacher-Aichhorn S, Mansmann U, Rizas KD, Massberg S; ACEI-COVID investigators. Discontinuation versus continuation of renin-angiotensin-system inhibitors in COVID-19 (ACEI-COVID): a prospective, parallel group, randomised, controlled, open-label trial. Lancet Respir Med. 2021 Aug;9(8):863–872. https://doi.org/10.1016/S2213-2600(21)00214-9.

Bai C, Zhong Q, Gao GF. Overview of SARS-CoV-2 genome-encoded proteins. Sci China Life Sci. 2022 Feb;65(2):280–294. https://doi.org/10.1007/s11427-021-1964-4.

Cecil A, Ohlsen K, Menzel T, François P, Schrenzel J, Fischer A, Dörries K, Selle M, Lalk M, Hantzschmann J, Dittrich M, Liang C, Bernhardt J, Ölschläger. TA, Bringmann G, Bruhn H, Unger M, Ponte-Sucre A, Lehmann L, Dandekar T. Modelling antibiotic and cytotoxic isoquinoline effects in Staphylococcus aureus, Staphylococcus epidermidis and mammalian cells. Int J Med Microbiol. 2015 Jan;305(1):96–109. https://doi.org/10.1016/j.ijmm.2014.11.006.

Cook HV, Doncheva NT, Szklarczyk D, von Mering C, Jensen LJ. Viruses.STRING: A Virus-Host Protein-Protein Interaction Database. Viruses. 2018 Sep 23;10(10):519.

COVID-19 Excess Mortality Collaborators* (2022) Estimating excess mortality due to the COVID-19 pandemic: a systematic analysis of COVID-19-related mortality, 2020–21. Lancet 399(10334):1513–1536.

Du W, Hurdiss DL, Drabek D, Mykytyn AZ, Kaiser FK, González-Hernández M, Muñoz-Santos D, Lamers MM, van Haperen R, Li W, Drulyte I, Wang C, Sola I, Armando F, Beythien G, Ciurkiewicz M, Baumgärtner W, Guilfoyle K, Smits T, van der Lee J, van Kuppeveld FJM, van Amerongen G, Haagmans BL, Enjuanes L, Osterhaus ADME, Grosveld F, Bosch BJ. An ACE2-blocking antibody confers broad neutralization and protection against Omicron and other SARS-CoV-2 variants of concern. Sci Immunol. 2022 Jul 29;7(73):eabp9312.

T. Dandekar and M. Kunz, *Bioinformatik am Beispiel des SARS-CoV2 Virus und der Covid19 Pandemie*, essentials, https://doi.org/10.1007/978-3-658-39857-6

Ekholm M, Kahan T. The Impact of the Renin-Angiotensin-Aldosterone System on Inflammation, Coagulation, and Atherothrombotic Complications, and to Aggravated COVID-19. Front Pharmacol. 2021 Jun 17;12:640185.

Gao Y, Yan L, Huang Y, Liu F, Zhao Y, Cao L, Wang T, Sun Q, Ming Z, Zhang L, Ge J, Zheng L, Zhang Y, Wang H, Zhu Y, Zhu C, Hu T, Hua T, Zhang B, Yang X, Li J, Yang H, Liu Z, Xu W, Guddat LW, Wang Q, Lou Z, Rao Z. Structure of the RNA-dependent RNA polymerase from COVID-19 virus. Science. 2020 May 15;368(6492):779–782. https://doi.org/10.1126/science.abb7498. Epub 2020 Apr 10. PMID: 32277040; PMCID: PMC7164392.

Gupta SK, Srivastava M, Minocha R, Akash A, Dangwal S, Dandekar T. Alveolar Regeneration in COVID-19 Patients: A Network Perspective. Int J Mol Sci. 2021 Oct 19;22(20):11279.

Gupta SK, Minocha R, Thapa PJ, Srivastava M, Dandekar T. Role of the Pangolin in Origin of SARS-CoV-2: An Evolutionary Perspective. Int J Mol Sci. 2022 Aug 14;23(16):9115. https://doi.org/10.3390/ijms23169115.

Hillen, H.S., Kokic, G., Farnung, L. et al. Structure of replicating SARS-CoV-2 polymerase. Nature 584, 154–156 (2020). https://doi.org/10.1038/s41586-020-2368-8.

Jiang Y, Yan Q, Liu CX, Peng CW, Zheng WJ, Zhuang HF, Huang HT, Liu Q, Liao HL, Zhan SF, Liu XH, Huang XF. Insights into potential mechanisms of asthma patients with COVID-19: A study based on the gene expression profiling of bronchoalveolar lavage fluid. Comput Biol Med. 2022 Jul;146:105601. https://doi.org/10.1016/j.compbiomed. 2022.105601.

Koley T, Kumar M, Goswami A, Ethayathulla AS, Hariprasad G. Structural modeling of Omicron spike protein and its complex with human ACE-2 receptor: Molecular basis for high transmissibility of the virus. Biochem Biophys Res Commun. 2022 Feb 12;592:51–53. https://doi.org/10.1016/j.bbrc.2021.12.082.

Kunz M, Liang C, Nilla S, Cecil A, Dandekar T. The drug-minded protein interaction database (DrumPID) for efficient target analysis and drug development. Database (Oxford). 2016 Apr 7;2016:baw041. https://doi.org/10.1093/database/baw041.

Li J, Wang X, Chen J, Zhang H, Deng A. Association of Renin-Angiotensin System Inhibitors With Severity or Risk of Death in Patients With Hypertension Hospitalized for Coronavirus Disease 2019 (COVID-19) Infection in Wuhan, China. JAMA Cardiol. 2020 Jul 1;5(7):825–830. https://doi.org/10.1001/jamacardio.2020.1624.

Liang C, Rios-Miguel AB, Jarick M, Neurgaonkar P, Girard M, François P, Schrenzel J, Ibrahim ES, Ohlsen K, Dandekar T. *Staphylococcus aureus* Transcriptome Data and Metabolic Modelling Investigate the Interplay Between Ser/Thr Kinase PknB, Its Phosphatase Stp, the *glmR/yvcK* Regulon and the *cdaA* Operon for Metabolic Adaptation. Microorganisms. 2021 Oct 14;9(10):2148.

Lopes RD, Macedo AVS, de Barros E Silva PGM, Moll-Bernardes RJ, Dos Santos TM, Mazza L, Feldman A, D'Andréa Saba Arruda G, de Albuquerque DC, Camiletti AS, de Sousa AS, de Paula TC, Giusti KGD, Domiciano RAM, Noya-Rabelo MM, Hamilton AM, Loures VA, Dionísio RM, Furquim TAB, De Luca FA, Dos Santos Sousa ÍB, Bandeira BS, Zukowski CN, de Oliveira RGG, Ribeiro NB, de Moraes JL, Petriz JLF, Pimentel AM, Miranda JS, de Jesus Abufaiad BE, Gibson CM, Granger CB, Alexander JH, de Souza OF; BRACE CORONA Investigators. Effect of Discontinuing vs Continuing Angiotensin-Converting Enzyme Inhibitors and Angiotensin II Receptor Blockers on Days Alive and Out of the Hospital in Patients Admitted With COVID-19: A Randomized Clinical Trial. JAMA. 2021 Jan 19;325(3):254–264.

Moolamalla STR, Balasubramanian R, Chauhan R, Priyakumar UD, Vinod PK. Host metabolic reprogramming in response to SARS-CoV-2 infection: A systems biology approach. Microb Pathog. 2021 Sep;158:105114.

Prada JP, Maag LE, Siegmund L, Bencurova E, Chunguang L, Koutsilieri E, Dandekar T, Scheller C. Estimation of R0 for the spread of SARS-CoV-2 in Germany from excess mortality Sci Rep. 2022; 12: 17221. Published online 2022 Oct 14. https://doi.org/10. 1038/s41598-022-22101-7.

Schmidt N, Lareau CA, Keshishian H, Ganskih S, Schneider C, Hennig T, Melanson R, Werner S, Wei Y, Zimmer M, Ade J, Kirschner L, Zielinski S, Dölken L, Lander ES, Caliskan N, Fischer U, Vogel J, Carr SA, Bodem J, Munschauer M. The SARS-CoV-2 RNA-protein interactome in infected human cells. Nat Microbiol. 2021 Mar;6(3):339–353.

Szklarczyk D, Santos A, von Mering C, Jensen LJ, Bork P, Kuhn M. STITCH 5: augmenting protein-chemical interaction networks with tissue and affinity data. Nucleic Acids Res. 2016 Jan 4;44(D1):D380–4. https://doi.org/10.1093/nar/gkv1277.

Walls, A. C., Park, Y. J., Tortorici, M. A., Wall, A., McGuire, A. T., & Veesler, D. (2020). Structure, function, and antigenicity of the SARS-CoV-2 spike glycoprotein. Cell, 181(2), 281–292.

Wu F, Zhao S, Yu B, Chen YM, Wang W, Song ZG, Hu Y, Tao ZW, Tian JH, Pei YY, Yuan ML, Zhang YL, Dai FH, Liu Y, Wang QM, Zheng JJ, Xu L, Holmes EC, Zhang YZ. (2020) A new coronavirus associated with human respiratory disease in China. Nature März 579(7798):265–269. https://doi.org/10.1038/s41586-020-2008-3. Epub 2020 Feb 3. (ein Erratum betrifft nur eine Grant Nummer-Korrektur, keinen wissenschaftlichen Inhalt).

Yang J, Petitjean SJL, Koehler M, Zhang Q, Dumitru AC, Chen W, Derclaye S, Vincent SP, Soumillion P, Alsteens D. Molecular interaction and inhibition of SARS-CoV-2 binding to the ACE2 receptor. Nat Commun. 2020 Sep 11;11(1):4541. https://doi.org/10.1038/s41 467-020-18319-6. (kleine author correction erwähnt Biorenderer für die Abbildungen).

Zimmer MM, Kibe A, Rand U, Pekarek L, Ye L, Buck S, Smyth RP, Cicin-Sain L, Caliskan N. The short isoform of the host antiviral protein ZAP acts as an inhibitor of SARS-CoV-2 programmed ribosomal frameshifting. Nat Commun. 2021 Dec 10;12(1):7193.

Printed in the United States
by Baker & Taylor Publisher Services